普通高等教育机电类系列教材

机械设计创新实践

任秀华　张　超　张　涵　等编著
孟宪举　主　审

U0239565

机械工业出版社

本书是在机械类基础课程实验教学改革和普通高等学校教学实验示范中心建设的基础上编写而成的。本书力求在培养学生动手能力、机械设计创新能力、综合实践能力等方面有所突破。

本书按照机械类基础系列课程实验教学体系进行编写,目的是引导学生在常用机械结构认知的基础上,掌握机械设计实验的基本原理、基本技能和实验方法。本书基本上涵盖了目前普通工科院校开设的机械设计主要实验项目,主要包括:常用机械零件认知、受轴向载荷的单个螺栓连接、受倾覆力矩的螺栓组连接、带传动的滑动和效率测定、滑动轴承特性分析、轴系结构创意设计及分析、减速器的拆装与结构分析、机械传动性能综合、齿轮传动效率测定、摩擦及磨损、弹簧特性测定等实验,并在章后附有实验报告。任课教师可根据不同专业的需求对书中所列实验项目进行选择。

本书主要作为高等院校机械类及近机类机械设计课程实验专用教材,也可供有关工程技术人员和科研人员参考。

图书在版编目(CIP)数据

机械设计创新实践/任秀华等编著. —北京:机械工业出版社,2013.9
(2023.6 重印)
普通高等教育机电类系列教材
ISBN 978-7-111-43998-1

Ⅰ.①机… Ⅱ.①任… Ⅲ.①机械设计–高等学校–教材
Ⅳ.①TH122

中国版本图书馆 CIP 数据核字(2013)第 214979 号

机械工业出版社(北京市百万庄大街22号 邮政编码100037)
策划编辑:舒 恬 责任编辑:杨 茜
责任校对:张 媛 责任印制:单爱军
北京虎彩文化传播有限公司印刷
2023 年 6 月第 1 版第 6 次印刷
184mm×260mm · 10.5 印张 · 257 千字
标准书号:ISBN 978-7-111-43998-1
定价:29.00 元

电话服务 网络服务
客服电话:010-88361066 机 工 官 网:www.cmpbook.com
010-88379833 机 工 官 博:weibo.com/cmp1952
010-68326294 金 书 网:www.golden-book.com
封底无防伪标均为盗版 机工教育服务网:www.cmpedu.com

前　　言

　　机械设计是一门介绍机械基础知识和培养学生机械创新设计能力的技术基础课。该课程为机械类和近机类各专业教学计划中的主干课程，在培养合格机械工程设计人才方面起着极其重要的作用。

　　本书系根据机械设计课程的实验教学基本要求，在总结高校近年来机械设计基础实验教学改革经验的基础上编写而成的，目的是引导学生在巩固所学知识的基础上，掌握机械设计实验的基本原理、基本技能和实验方法，进一步培养学生的机械创新意识、工程实践能力及综合设计与分析能力。

　　本书包括十一个实验项目，内容丰富、涉及面广。不仅介绍了目前高等工科院校普遍开设的基础型实验项目，还介绍了设计应用型、综合提高型和研究创新型等实验项目，以满足不同层次、不同专业实验教学的需求，同时采取必做、选做、开放实验等多种方式开设实验。

　　本书的主要特点是：

　　1. 概念准确、层次简明、内容规范，对每个实验的实验目的、设备、原理、内容、方法及步骤等阐述清晰，具有可读性和可操作性。

　　2. 为保证实验完成效果，在每个实验项目中编写了与该实验内容密切相关的预习作业，要求学生在实验前必须完成，以改善教学效果，提高课堂效率。

　　3. 增加了实验小结，总结实验过程中容易出现的问题、注意事项及解决办法，以便及时发现问题、纠正错误。

　　4. 为进一步扩大学生的知识面，在每个实验项目中都增加了"工程实践"的内容，介绍了与实验相关的实际工程背景知识，典型工程应用实例等。

　　5. 实验报告格式完整、内容丰富。主要包括以下几点：

　　1）实验目的、实验设备和工具以及实验方案设计。

　　2）实验结果包括实验条件、实验数据采集和处理、实验过程记录和分析、实验现象分析等。

　　3）实验引申问题的归纳与总结以及实验心得、建议等。

　　参加本书编写的有：山东建筑大学任秀华、张超、张涵、王日君、王秀叶，山东凯文科技职业学院徐克林，浙江吉利控股集团有限公司万法高。本书由山东建筑大学孟宪举教授精心审阅，并提出了许多宝贵的意见与建议。本书在编写过程中参考了其他同类教材、文献资料，同时也得到了参编单位的领导和老师的大力支持，在此一并深表感谢。

　　由于编者水平有限，书中难免有错误和不妥之处，敬请广大读者批评指正。

编　者

目　　录

第1章　常用机械零件认知实验

1.1　概述

常用机械零件认知实验将部分基本教学内容转移到实物模型展示室进行教学，是机械设计课程重要的教学环节。通过认知实验，使学生了解常用机械零件的特点及其在实际机械中的应用情况，为后续课程的学习打下坚实的基础；增强学生对机械零件的感性认识，弥补空间想象力和形象思维能力的不足；加深对教学基本内容的理解；促进学生自学能力和独立思考能力的提高。此外，丰富的实物模型有助于学生扩大知识面，激发学习兴趣。

1.2　实验目的

1）了解各种通用零部件的类型、结构特点、应用、基本原理以及运动特性，对零件有一个全面的感性认识。

2）掌握各种标准件的结构形式及应用。

3）掌握各种传动形式的特点及应用。

4）了解各种常用的润滑剂及相关国家标准。

5）了解机械零件典型的失效形式，掌握机械零件的设计准则。

6）通过对机械零部件及机械结构的展示与分析，增强学生的直观认识，培养学生对机械设计课程的学习兴趣。

1.3　实验设备

机械零件展示柜。如图 1-1 所示，它由数节展示柜组成，主要展示机器中常见的各类零

图 1-1　机械零件展示柜

件。各展示柜内容见表1-1。

表1-1　各展示柜内容

序号	内　　容	序号	内　　容
第1柜	螺纹连接和螺旋传动（一）	第11柜	滑动轴承
第2柜	螺纹连接和螺旋传动（二）	第12柜	滚动轴承
第3柜	键联结	第13柜	滚动轴承组合设计
第4柜	花键联结、无键联结和销连接	第14柜	联轴器
第5柜	铆接、焊接、胶接和过盈配合连接	第15柜	离合器
第6柜	带传动	第16柜	轴
第7柜	带传动的张紧装置	第17柜	轴的结构设计
第8柜	链传动	第18柜	弹簧
第9柜	齿轮传动和蜗杆传动	第19柜	润滑和密封
第10柜	齿轮和蜗杆蜗轮结构	第20柜	机械零件的失效形式

1.4　实验方法

实验方法分为看、议、答三个步骤。

1）看。参观"机械零件展示柜"中的各种零部件，逐一仔细观察各展示柜内容，特别注意观察同类零件不同规格的结构差异。

2）议。对照内容、要求和思考问答题进行分组讨论，某些问题可请老师答疑。

3）答。逐一回答思考题中的提问。

"机械零件展示柜"内容是按教材章节独立组柜的，可分柜组织实验，每一柜内容都应按上述三个步骤进行。

1.5　实验内容及要求

1. 螺纹连接和螺旋传动

掌握螺纹的分类，螺纹连接的主要类型、结构特点，螺纹连接的防松种类及区别等。

螺纹连接是利用螺纹零件工作的，主要用作紧固零件，其基本要求是保证连接强度和连接的可靠性。

（1）螺纹的分类　螺纹可分为外螺纹和内螺纹，这两种螺纹共同组成螺旋副使用。起连接作用的螺纹称为连接螺纹；起传动作用的螺纹称为传动螺纹。

按照螺纹的标准，螺纹又分为米制（螺距以mm表示）螺纹和寸制（螺距以每英寸牙数表示）螺纹。

根据牙型不同，螺纹可分为普通螺纹、管螺纹、梯形螺纹、矩形螺纹和锯齿形螺纹等。前两种主要用于连接，后三种主要用于传动。除矩形螺纹外，均已标准化。根据母体形状，螺纹可分为圆柱螺纹和圆锥螺纹；根据螺旋线旋向，螺纹可分为左旋螺纹和右旋螺纹；根据螺纹形成时螺旋线的条数，螺纹可分为单线螺纹、双线螺纹和多线螺纹。

机械制造中除上述的常用螺纹外，还制定有特殊用途的螺纹，以适应各行各业的特殊工作要求。

（2）螺纹连接的基本类型　常用的螺纹连接有普通螺栓连接、双头螺柱连接、螺钉连接、紧定螺钉连接。

1）螺栓连接　按照连接的形式，分为普通螺栓连接（图1-2a）和铰制孔用螺栓连接（图1-2b）。普通螺栓连接的结构特点是被连接件上的通孔和螺栓间留有间隙，故通孔的加工精度低，结构简单，装拆方便，使用时不受被连接件材料的限制，因此应用极为广泛。铰制孔用螺栓连接能精确固定被连接件的相对位置，并能承受较大横向载荷，但孔的加工精度要求较高。

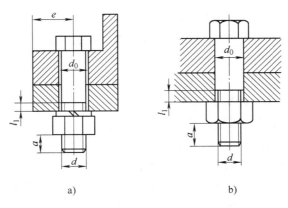

a)　　　　　　　　　　　b)

图 1-2　螺栓连接

a）普通螺栓连接　b）铰制孔用螺栓连接

2）双头螺柱连接（图1-3）。双头螺柱连接适用于结构上不能采用螺钉连接的场合，如被连接件之一太厚不宜制成通孔，材料又比较软（如用铝镁合金制造的箱体），且需要经常拆装时，通常采用双头螺柱连接。

3）螺钉连接（图1-4）。螺钉直接拧入被连接件的螺纹孔中，不用螺母，在结构上比双头螺柱连接简单、紧凑，其用途和双头螺柱连接相似。但若经常拆装，则易使螺纹孔磨损，

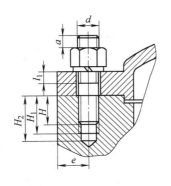

图 1-3　双头螺柱连接

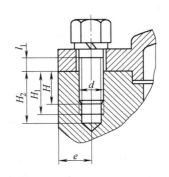

图 1-4　螺钉连接

可能导致被连接件报废，故多用于受力不大，或不需要经常拆装的场合。

4）紧定螺钉连接（图1-5）。紧定螺钉连接是利用拧入零件螺纹孔中的螺钉末端顶住另一零件的表面或埋入相应的凹坑中来固定两个零件的相对位置，并可传递不大的力或转矩的连接。

螺钉除用作连接和紧定外，还可用于调整零件位置，如机器、仪器的调节螺钉等。

除此之外，还有一些特殊结构连接，如专门用于将机座或机架固定在地基上的地脚螺栓连接，装在大型零部件的顶盖或机器外壳上便于起吊用的吊环螺钉连接，应用在设备中的T形槽螺栓连接等。

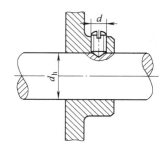

图1-5　紧定螺钉连接

（3）螺纹连接的防松　在冲击、振动或变载荷的作用下，螺旋副间的摩擦力可能减小或瞬时消失。这种现象多次重复后，就会使连接松脱。在高温或温度变化较大的情况下，由于螺纹连接件和被连接件的材料发生蠕变和应力松弛，也会使连接中的预紧力和摩擦力逐渐减小，最终将导致连接失效。

螺纹连接防松的根本问题在于防止螺旋副在负载时发生相对转动。防松的方法按其工作原理可分为摩擦防松、机械防松、铆冲防松等。一般来说，摩擦防松简单、方便，但不如机械防松可靠。对于重要的连接，特别是在机器内部不易检查的连接，应采用机械防松。常见的摩擦防松方法有对顶螺母、弹簧垫圈、自锁螺母、收口放松螺母等；常见的机械防松方法有开口销与六角开槽螺母、止动垫圈、串联钢丝等；常见的铆冲防松方法主要是将螺母拧紧后把螺栓末端伸出部分铆死，或利用冲头在螺栓末端与螺母的旋合缝处打冲，利用冲点防松。这种防松方法可靠，但拆卸后连接件不能重复使用。

（4）提高螺纹连接强度的措施

1）受轴向变载荷的螺栓连接，一般因疲劳导致破坏。为了提高疲劳强度，减小螺栓的刚度，可适当增加螺栓长度，或采用腰状杆螺栓与空心螺栓。

2）不论螺栓连接的结构如何，所受的拉力都是通过螺栓和螺母的螺纹牙相接触来传递的。由于螺栓和螺母的刚度与变形的性质不同，各圈螺纹牙上的受力也是不同的。为了改善螺纹牙上的载荷分布不均程度，常用悬置螺母或采用钢丝螺套来减小螺栓旋合段本来受力较大的几圈螺纹牙的受力面。

3）为了提高螺纹连接强度，还应减小螺栓头和螺栓杆的过渡处所产生的应力集中。为了减小应力集中的程度，可采用较大的过渡圆角和卸载结构。在设计、制造和装配上应力求避免螺纹连接产生的附加弯曲应力，以免降低螺栓强度。

4）采用合理的制造工艺方法来提高螺栓的疲劳强度，如采用冷镦螺栓头部、滚压螺纹的工艺方法，采用表面渗氮、碳氮共渗、喷丸等处理工艺，都是比较有效的方法。

（5）螺旋传动　螺旋传动是利用螺杆和螺母组成的螺旋副来实现传动要求的。它将回转运动转变为直线运动，同时传递运动和动力。作为传动件，要求保证螺旋副的传动精度、效率和磨损寿命等。传动螺纹的种类有矩形螺纹、梯形螺纹和锯齿形螺纹等，按其用途可分为传力螺旋、传导螺旋及调整螺旋三种；按摩擦性质不同，可分为滑动螺旋（半干摩擦）、滚动螺旋（滚动摩擦）及静压螺旋等。

滑动螺旋常为半干摩擦，摩擦阻力大、传动效率低（一般为 30%～60%），其结构简单，加工方便，易于自锁，运转平稳，但在低速时可能出现爬行，滑动螺旋时螺纹有侧向间隙，磨损快，反向时有空行程，定位精度和轴向刚度较差，要提高精度必须采用消隙机构。滑动螺旋应用于传力或调整螺旋时，要求自锁，常采用单线螺纹；用于传导螺旋时，为了提高传动效率及直线运动速度，常采用多线螺纹。滑动螺旋主要应用于金属切削机床进给、分度机构，摩擦压力机及千斤顶的传动机构。

滚动螺旋因螺旋中含有滚珠或滚子，故具有传动时摩擦阻力小、传动效率高（一般在90%以上）、起动力矩小、传动灵活、工作寿命长等优点；但结构复杂，制造较难。滚动螺旋具有传动可逆性（可以把旋转运动变为直线运动，也可把直线运动变成旋转运动）。为了避免螺旋副受载时逆转，应设置防止逆转的机构。滚动螺旋运转平稳，起动时无颤动，低速时不爬行，螺母与螺杆经调整预紧后，可得到很高的定位精度和重复定位精度，并可提高轴的刚度。而且其工作寿命长、不易发生故障，但抗冲击性能较差。滚动螺旋主要应用于精密机床和数控机床、测试机械、仪表的传导螺旋和调整螺旋，起重、升降机构和汽车、拖拉机转向机构的传力螺旋，飞机、导弹、船舶、铁路等自控系统的传导和传力螺旋。

为了降低螺旋传动的摩擦、提高传动效率，并增强螺旋传动的刚性及抗振性能，将静压原理应用于螺旋传动中，制成静压螺旋。因静压螺旋是液体摩擦，所以摩擦阻力小，传动效率高（可达 99%），但螺母结构复杂。静压螺旋具有传动的可逆性，必要时应设置防止逆转的机构。静压螺旋工作稳定，无爬行现象；反向时无空行程，定位精度高，并有较高的轴向刚度；磨损小及寿命长等。静压螺旋使用时需要一套压力稳定、温度恒定、有精滤装置的供油系统，主要用于精密机床进给、分度机构的传导螺旋。

2. 键、花键及销联结

掌握键联结的类型特点及区别，熟悉各种键、花键及销联结的结构和应用场合。

（1）键联结　键是一种标准零件，通常用来实现轴与轮毂之间的周向固定以传递转矩，有的还能实现轴上零件的轴向固定或轴向滑动的导向。

键联结的主要类型包括平键联结、半圆键联结、楔键联结、切向键联结。各类键使用的场合不同，键槽的加工工艺也不同。键的类型可根据键联结的结构特点、使用要求、工作条件来选择，键的尺寸则应根据标准规格和强度要求来取定。

1）平键。平键的两侧面是工作面，工作时，靠键与键槽侧面的挤压来传递转矩。其特点为：结构简单、装拆方便、对中性较好。这种键联结不能承受轴向力，因而对轴上的零件不能起到轴向固定的作用。

2）半圆键。半圆键工作时靠侧面来传递转矩。其优点是：工艺性较好，装配方便，尤其适用于锥形轴与轮毂的联结；缺点是：轴上键槽较深，对轴的强度削弱较大，故一般只用于轻载联结中。

3）楔键。楔键分为普通楔键和钩头楔键；普通楔键又可按形状分为圆头、方头、单圆头。楔键的上下两面是工作面，键的上表面和与它相配合的轮毂键槽底面均具有 1∶100 的斜度。楔键工作时，靠键的楔紧作用来传递转矩，同时还可承受单向的轴向载荷。

4）切向键。切向键由一对斜度为1∶100的楔键组成。切向键的工作面是两键沿斜面拼合后相互平行的两个窄面。工作时，靠工作面上的挤压力和轴与轮毂间的摩擦力来传递转矩。

（2）花键联结 花键联结是由外花键和内花键组成，适用于定心精度要求高、载荷大或经常滑移的联结。花键联结的齿数、尺寸、配合等均按标准选取，可用于静联结或动联结。按齿形花键可分为矩形花键（图1-6a）和渐开线花键（图1-6b）等。矩形花键联结由于多齿工作，具有承载能力大、对中性好、导向性好、齿根较浅、应力集中较小、轴与轮毂强度削弱小等优点，广泛应用于飞机、汽车、拖拉机、机床、农业机械传动装置中；渐开线花键联结受载时齿上有径向力，能起到定心作用，使各齿受力均匀，具有强度高、寿命长等特点，主要用于载荷较大、定心精度要求较高以及尺寸较大的联结。

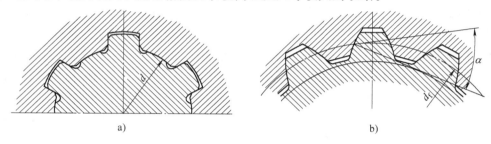

a) b)

图1-6 花键
a) 矩形花键 b) 渐开线花键

与平键相比，由于结构型式和制造工艺的不同，花键在强度、工艺和使用上有如下特点：

1）因为在轴上与毂孔上直接而匀称地制出较多的齿与槽，故联结受力较为均匀。

2）因槽较浅，故齿根处应力集中较小，对轴与毂的强度削弱较少。

3）齿数较多，总接触面积较大，故可承受较大的载荷。

4）轴上零件与轴的对中性好（这对高速及精密机器很重要）。

5）导向性较好（这对动联结很重要）。

6）可用磨削的方法提高加工精度及联结质量。缺点：齿根处仍有应力集中；有时需用专门设备加工，成本较高。

（3）销联结 当销主要用来固定零件之间的相对位置时，称为定位销（图1-7a），它是组合加工和装配时的重要辅助零件；用于轴与毂或其他零件的联结时，称为联结销（图1-7b），可传递不大的载荷；用于安全装置中的过载剪断元件时，称为安全销（图1-7c）。

销有多种类型，如圆锥销、圆柱销、槽销、开口销等，均已标准化。各种销都有各自的特点，如圆柱销多次拆装会降低定位精度和可靠性，而圆锥销在受横向力时可以自锁，安装方便，定位精度高，多次拆装不影响定位精度等。

3. 铆接、焊接、胶接和过盈配合连接

（1）铆接 铆接主要由连接件铆钉和被连接件所组成，有的还有辅助连接件盖板，这些基本元件在构造物上所形成的连接部分统称为铆接缝（简称铆缝）。铆接为不可拆连接。

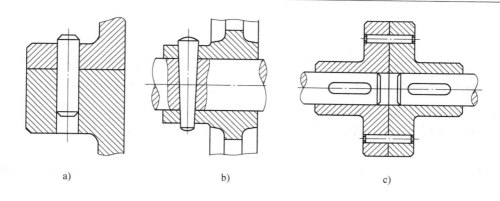

a)   b)   c)

图 1-7 销联结

a）定位销 b）联结销 c）安全销

铆缝的结构形式很多，按接头可分为搭接缝、单盖板对接缝和双盖板对接缝；按铆钉排数可分为单排、双排和多排铆缝。

铆缝按性能不同可分为以下几种：以强度为基本要求的铆缝称为强固铆缝；不但要求具有足够的强度，而且要求保证良好紧密性的铆缝称为强密铆缝；仅以紧密性为要求的铆缝称为紧密铆缝。铆接具有工艺设备简单、抗振、抗冲击和牢固可靠等优点。

（2）焊接 焊接的方法很多，机械制造中常用的是熔焊。熔焊可分为电焊、气焊和电渣焊等，其中尤以电焊应用最广。

电焊又分为以下两种：

1）电阻焊。电阻焊是指利用大的低压电流通过被焊件时，在电阻最大的接头处（被焊接部位）引起强烈发热，使金属局部熔化，同时机械加压而形成的连接。

2）电弧焊。电弧焊是指利用电焊机的低压电流，通过电焊条（为一个电极）与被焊件（为另一电极）间形成的电路，在两极间引起电弧来熔融被焊接部分的金属和焊条，使熔融的金属混合并填充接缝而形成的连接。

焊件经焊接后形成的结合部分叫焊缝。焊缝大体可分为对接焊缝、角焊缝和塞焊缝。除了受力较小和避免增大质量时采用塞焊缝外，其他焊缝一般分为对接焊缝和角焊缝。对接焊缝用于连接位于同一平面内的被焊件，角焊缝用于连接不同平面内的被焊件。

与铆接相比，焊接具有强度高、工艺简单、质量轻、工人劳动条件好等优点。

（3）胶接 胶接是利用胶粘剂在一定条件下把预制的元件连接在一起，并具有一定强度的连接。胶接接头的典型结构主要有板接、管接和角接等。目前，胶接在机床、汽车、拖拉机、造船、化工、仪表、航空航天等工业部门得到广泛应用。

与铆接、焊接相比，胶接的优点是：①质量较轻（一般可减轻为 20%），材料利用率较高；②不会改变胶缝附近母体材料的金相组织，冷却时也不会产生弯翘和变形；③不需钻孔，且为面与面的胶粘连接，因而应力分布均匀，耐疲劳、耐蠕变性能较好；④能使异形、复杂、微小或薄壁构件以及金属与非金属构件相互连接，应用范围较广；⑤所需设备简单，操作方便，无噪声，劳动条件好，劳动生产率高，成本低；⑥密封性比铆接可靠；⑦工作温度在有特殊要求时可达 $-200 \sim 1000℃$（一般为 $-60 \sim 400℃$）；⑧能满足防锈、绝缘、透明等特殊要求。

其缺点是：①工作温度过高时，胶接强度将随温度的增高而显著下降；②抗剥落、抗弯曲及抗冲击振动性能差；③耐老化、耐介质性能较差，且不稳定；④有的胶粘剂所需的胶接工艺较为复杂；⑤胶接件的缺陷有时不易发现，目前尚无完善可靠的无损检验方法。

（4）过盈配合连接　过盈配合连接是利用零件间的过盈配合来达到连接的目的。这种连接也叫做干涉配合连接或紧配合连接。过盈配合连接常分为无辅助件和有辅助件两种。

4. 带传动

掌握带的类型、V带结构及带轮结构；了解带传动的形式，掌握带传动的张紧原理和张紧方法。

带被张紧（预紧力）压在两个带轮上，主动轮通过摩擦带动带以后，再通过摩擦带动从动带轮转动。它具有传动中心距大、结构简单、超载打滑（减速）等特点。常见的带传动类型有平带传动、V带传动、多楔带传动及同步带传动等。

1）平带传动结构最简单，带轮容易制造，在传动中心距较大的情况下应用较多。

2）V带是一种整圈、无接缝、质量均匀的传动带，在同样的张紧力下，V带传动与平带传动相比能产生较大的摩擦力，又因其传动比较大、结构紧凑，且生产标准化，故应用广泛。

3）多楔带传动兼有平带和V带传动的优点，柔性好、摩擦力大、传递功率大，且能解决因多根V形带长短不一使各带受力不均匀的问题。多楔带主要用于传递功率较大且结构要求紧凑的场合，传动比可达10，带速可达40m/s。

4）同步带在沿带的纵向制有很多齿，带轮轮面也制有相应齿。同步带传动工作时，带的凸齿与带轮外缘上的齿槽进行啮合传动。由于强力层承载后变形小，能保持同步带的齿距不变，故带与带轮间没有相对滑动，从而保持了同步传动。

同步带传动具有以下优点：①无滑动，能保证固定的传动比；②初拉力较小，轴和轴承上所受的载荷小；③带的厚度小，单位长度的质量小，故允许的线速度较高；④带的柔性好，故所用带轮的直径可以较小。

其主要缺点：安装时中心距的要求较为严格，价格较高。

5. 链传动

掌握链传动的种类及传动链的形式，了解各种链传动的特点、应用场合及链轮的结构。

链传动是指由主动链轮带动链以后，又通过链带动从动链轮，属于带有中间挠性件的啮合传动。与属于摩擦传动的带传动相比，链传动的主要优点有：①链传动无弹性滑动和打滑现象，因而能保证平均传动比为常数；②链条不需要张紧，所以作用于轴上的径向压力较小；③在同样的使用条件下，链传动的结构较为紧凑；同时链传动能在高温及速度较低的情况下工作；④与齿轮传动相比，链传动较易安装，成本低廉；⑤在远距离传动（中心距离最大可达十多米）时，链传动其结构要比齿轮传动轻便得多。

链传动按用途不同可分为传动链传动、输送链传动、起重链传动。输送链传动和起重链主要用在运输和起重机械中，而在一般机械中常用的是传动链传动。

1）传动链分为短节距精密滚子链（简称滚子链）、齿形链等。

在滚子链中,为使传动平稳、结构紧凑,宜选用小节距单排链,当速度高、功率大时则选用小节距多排链。

齿形链又称无声链,它是由一级带有两个齿的链板左右交错并列铰链而成。齿形链设有导板,以防止链条在工作时发生侧向窜动。与滚子链相比,齿形链具有传动平稳、无噪声、承受冲击性能好、工作可靠等特点。

2)链轮是链传动的主要零件。链轮齿形已标准化,链轮设计主要是确定其结构尺寸,选择材料、热处理方法等。

6. 齿轮传动和蜗杆传动

掌握齿轮机构的分类及齿轮传动的类型;了解齿轮主要参数的名称、轮齿的失效形式;掌握齿轮传动的受力分析,了解蜗杆传动的类型、结构及应用。

(1)齿轮传动 齿轮传动是机械传动中最重要的传动之一,其形式多样、应用广泛,主要特点是:传动效率高、结构紧凑、工作可靠、传动比稳定等,可做成开式传动、半开式传动、封闭式传动。失效形式主要有轮齿折断、齿面点蚀、齿面磨损、齿面胶合、塑性变形等。

按照齿轮传动轴的相对位置将齿轮传动分为三类:

1)平行轴圆柱齿轮传动。这种圆柱齿轮传动又分为直齿圆柱齿轮传动和斜齿圆柱齿轮传动两种。直齿圆柱齿轮传动按照啮合方式又分为外啮合齿轮传动、内啮合齿轮传动和齿轮齿条传动等类型。

2)交错轴齿轮传动。这种齿轮传动又分为交错轴斜齿圆柱齿轮传动、蜗杆传动和准双曲线锥齿轮传动。

3)相交轴齿轮传动。这种齿轮传动又分为直齿锥齿轮传动、斜齿锥齿轮传动和弧齿锥齿轮传动。

(2)蜗杆传动 蜗杆传动是用来传递空间互相垂直而不相交的两交错轴间运动和动力的传动机构,两轴线交错的夹角可为任意角,常用的为90°角。

蜗杆传动具有以下特点:

1)当使用单头蜗杆(相当于单线螺纹)时,蜗杆旋转一周,蜗轮只转过一个齿距,因此能实现大传动比传动。在动力传动中,一般传动比为5~80;在分度机构或手动机构的传动中,传动比可达300;若只传递运动,传动比可达1000。

2)由于传动比大,零件数目少,故结构紧凑。

3)在传动中,蜗杆齿是连续不断的螺旋齿,与蜗轮啮合是逐渐进入与逐渐退出,故冲击载荷小,传动平衡,噪声低。

4)当蜗杆的螺纹升角小于啮合面的当量摩擦角时,蜗杆传动便具有自锁性。

5)蜗杆传动与螺旋传动相似,在啮合处有相对滑动,当速度很大、工作条件不够良好时会产生严重摩擦与磨损,引起发热,摩擦损失较大,效率低。

根据蜗杆的形状不同,蜗杆传动可分为圆柱蜗杆传动、环面蜗杆传动及锥面蜗杆传动。

1)圆柱蜗杆传动(图1-8a)。圆柱蜗杆传动可分为普通圆柱蜗杆传动和圆弧齿圆柱蜗杆传动。

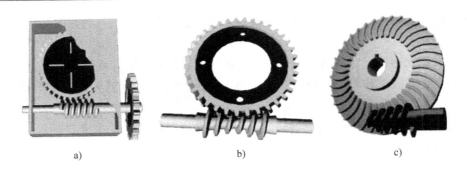

a)　　　　　　　　　　b)　　　　　　　　　　c)

图 1-8　蜗杆传动

a）圆柱蜗杆传动　b）环面蜗杆传动　c）锥面蜗杆传动

2）环面蜗杆传动（图 1-8b）。环面蜗杆传动的特征是所用蜗杆切制螺纹的外形是以凹圆弧为素线所形成的螺旋曲面。

3）锥面蜗杆传动（图 1-8c）。锥面蜗杆传动中的蜗杆是由在节锥上分布的等导程的螺旋所形成。而蜗轮在外观上就像一个曲线齿锥齿轮，它是由与锥蜗杆相似的锥滚刀在普通滚齿机上加工而成的，故称为锥蜗轮。

7. 滑动轴承

掌握滑动轴承的类型、特点、应用场合及滑动轴承的润滑与密封。

（1）分类　根据轴承中摩擦性质的不同，可把轴承分为滑动摩擦轴承（简称滑动轴承）和滚动摩擦轴承（简称滚动轴承）两大类。

滑动轴承按润滑表面状态不同可分为液体润滑轴承、不完全液体润滑轴承和无润滑轴承（指工作时不加润滑剂）；根据液体润滑承载机理不同又可分为液体动压润滑轴承（简称液体动压轴承）和液体静压润滑轴承（简称液体静压轴承）。

（2）轴瓦　轴瓦是滑动轴承的重要组成部分，轴瓦材料除应满足摩擦因数小和磨损少的要求外，还应满足以下要求：①抗粘着性；②容纳异物的能力；③抗疲劳性；④强度；⑤价格及来源。

常用的轴瓦材料可分为：①金属材料：铸铁、轴承合金（通称巴氏合金或白合金）、铜合金（铸造铅青铜、铸造锡锌铅青铜、铸造锡磷青铜、铸造铝青铜等）、铝合金、陶质金属等；②非金属材料：石墨、橡胶、尼龙等。

8. 滚动轴承

掌握滚动轴承的组成、类型代号及组合结构设计，了解滚动轴承的润滑与密封。

滚动轴承是依靠主要元件间的滚动来支承传动零件的。与滑动轴承相比，滚动轴承具有摩擦阻力小、功率消耗少、起动容易等优点，因此在一般机器中应用较广。

滚动轴承主要由内圈、外圈、滚动体和保持架四部分组成，如图 1-9 所示。

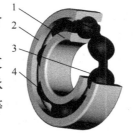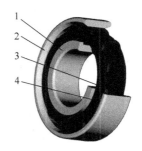

图 1-9　轴承结构

1—内圈　2—外圈　3—滚动体　4—保持架

常用的滚动体有：①球；②短圆柱滚子；③长圆柱滚子；④空心螺旋滚子；⑤圆锥滚子；⑥鼓形滚子；⑦滚针等。

9. 联轴器和离合器

掌握联轴器和离合器的作用、分类、特点及应用场合。

联轴器和离合器可用来连接轴与轴以传递运动与转矩，有时也可用作安全保护的装置。

（1）联轴器和离合器的分类

1）根据工作特性分类

①　联轴器。联轴器是用来把两轴连接在一起的一种装置。机器运转时两轴不能分离，只有在机器停车并将连接拆开后，两轴才能分离。

②　离合器。离合器是一种在机器运转过程中可使两轴随时接合或分离的装置。它可用来操纵机器传动系统的断续，以便进行变速及换向等。

③　安全联轴器和安全离合器。这两种装置在工作时，如果转矩超过规定值，联轴器及离合器即会自行断开或打滑，以保证机器的主要零件不致因为过载而损坏。

④　特殊功用的联轴器和离合器。这两种装置用于某些特殊要求处，如在一定的回转方向或达到一定的转速时，联轴器或离合器即可自动接合或分离等。

2）根据联轴器的内部结构分类，联轴器根据内部是否包含弹性元件可分为：

①　刚性联轴器。刚性联轴器又分为固定式和可移动式两种。可移动式刚性联轴器对两轴间的偏移量具有一定的补偿能力。

②　弹性联轴器。弹性联轴器因有弹性元件，故可缓冲和减振，亦可在不同程度上补偿两轴间的偏移。

（2）离合器　离合器的工作要求：①接合、分离迅速而平稳；②调节和修理方便，外廓尺寸小，质量轻；③耐磨性好和有足够的散热能力；④操纵方便省力。

常用的离合器可分为牙嵌式与摩擦式两类。

10. 轴

熟悉轴的类型及结构设计，掌握轴上零件的固定方式。

轴是组成机器的主要零件之一。一切作回转运动的传动零件（如齿轮、蜗轮等）都必须安装在轴上才能进行运动及动力的传递。轴的主要功用是支承回转零件并传递运动和动力。

（1）分类

1）按承受载荷的不同，轴可分为心轴、转轴和传动轴三类。

①　心轴：只承受弯矩而不承受扭矩的轴。

②　转轴：既承受弯矩又承受扭矩的轴。

③　传动轴：主要或只能承受扭矩的轴。

2）按轴线的形状不同，轴可分为曲轴和直轴两大类。直轴根据外形不同又可分为光轴和阶梯轴。

①　光轴。光轴形状简单，加工容易，应力集中源少。但它的主要缺点是轴上的零件不易装配、定位，所以光轴主要用作心轴和传动轴。

② 阶梯轴。阶梯轴正好与光轴相反，常用作转轴。

（2）轴的结构设计

在进行轴的结构设计时应主要考虑如下因素：

1）轴在机器中的安装位置及形式。

2）轴上零件的类型、尺寸、数量以及在轴上的固定（周向、轴向）方式。

3）载荷的性质、大小、方向以及分布情况。

4）轴的加工工艺等。

设计时轴的结构应满足下列要求：

1）轴上零件在轴上应该能够准确地定位或完成要求的工作。

2）轴要有准确的工作位置。

3）轴上的零件应便于装拆和调整。

4）轴应具有良好的制造工艺性等。

轴上零件的固定，主要是轴向和周向固定。轴向固定可采用轴肩、轴环、套筒、挡圈、圆锥面、圆螺母、轴端挡圈、轴端挡板、弹簧挡圈、紧定螺钉等方式；周向固定可采用平键、楔键、切向键、花键、圆柱销、圆锥销、过盈配合等方式。

（3）轴的失效　轴的失效形式主要是疲劳断裂和磨损。防止失效的措施有：从结构设计上，力求降低应力集中（如减小直径差、加大过渡圆角半径等）；提高轴的表面质量，包括减小轴的表面粗糙度值、对轴进行热处理或表面强化等。

11. 弹簧

熟悉各种弹簧的结构、材料、分类和应用。

弹簧是一种弹性元件，它具有多次重复随外载荷的大小而作相应的弹性变形，卸载后又能立即恢复原状的特性。弹簧在各类机械中应用十分广泛。

弹簧的种类比较多，按承受的载荷不同可分为拉伸弹簧、压缩弹簧、扭转弹簧和弯曲弹簧四种；按形状不同又可分为螺旋弹簧、环形弹簧、碟形弹簧、板簧、平面涡卷弹簧等。

弹簧有如下功用：减振和缓冲；测量力的大小；储存及输出能量；控制机构的运动等。

12. 润滑及密封

（1）润滑剂　了解润滑方法与润滑装置，了解相关的国家标准。

润滑剂不仅可以降低摩擦、减轻磨损、保护零件及减少锈蚀，而且在采用循环润滑时还能起到散热降温的作用。由于液体的不可压缩性，润滑油膜还具有缓冲、吸振的能力。使用膏状润滑脂，既可防止内部润滑剂外泄，又可阻止外部杂质侵入，避免加剧零件的磨损，起到密封作用。

根据工作条件不同，工程中所用的润滑剂可分为气体、液体、半固体和固体四种基本类型。在液体润滑剂中，应用最广泛的是润滑油，包括矿物油，动、植物油，合成油和各种乳剂；半固体润滑剂主要是指各种润滑脂，它是润滑油和稠化剂的稳定混合物；固体润滑剂是任何可以形成固体膜以减少摩擦阻力的物质，如石墨、二硫化钼、聚四氟乙烯等；任何气体都可作为气体润滑剂，其中用得最多的是空气，主要用于气体轴承中。

根据摩擦面间油膜形成的原理，可把流体润滑分为：①流体动压润滑（利用摩擦面间的相对运动而自动形成承载油膜的润滑）；②流体静压润滑（从外部将加压的油送入摩擦面间，强迫形成承载油膜的润滑）。

衡量润滑油和润滑脂的主要质量指标如下：

1）润滑油。用作润滑剂的油类可概括为三类：①有机油。通常是动、植物油。②矿物油。主要是石油产品。③化学合成油。

从润滑的观点，以下几个指标用来评判润滑油的优劣：①粘度；②油性与极压性；③氧化稳定性；④闪点；⑤凝固点等。

2）润滑脂。润滑脂有以下几类：①钙基润滑脂；②钠基润滑脂；③锂基润滑脂；④铝基润滑脂等。

其主要质量指标为：①针入度（或稠度）；②滴点；③润滑油、润滑脂的添加剂，如分散净化剂、抗氧化剂、油性添加剂、极压与抗磨添加剂、降凝剂、增黏剂等。

（2）密封　熟悉各类密封零件及其应用场合。

机器在运转过程中，特别是在气动、液压传动中，在零件的接合面、轴的伸出端等处容易产生油、脂、水、气等的渗漏。为了防止这些渗漏，常需采用一些密封措施。密封方法和类型很多，如填料密封、机械密封、O形圈密封、迷宫式密封、离心密封、螺旋密封等。这些密封类型广泛应用在泵、水轮机、阀、压缩机、轴承、活塞等部件的密封中。

13. 机械零件的失效形式

（1）整体断裂　零件在受拉、压、弯、剪、扭等外载荷作用时，由于某一危险截面上发生的应力超过零件的强度极限而发生的断裂，或者零件在受变应力作用时，危险截面上发生的疲劳断裂均属此类。

（2）过大的残余变形　如果作用于零件上的应力超过了材料的屈服强度，则零件将产生残余变形。

（3）零件的表面破坏　零件的表面破坏主要是腐蚀、磨损和接触疲劳。腐蚀是指发生在金属表面的一种电化学或化学侵蚀现象，腐蚀的结果使金属表面产生锈蚀，从而使零件表面遭到破坏；磨损是指两个接触表面在作相对运动的过程中发生物质丧失或转移的现象，磨损会影响机器的效率，降低工作的可靠性，甚至促使机器提前报废；接触的疲劳是指受到接触变应力长期作用的零件表面产生裂纹或微粒剥落的现象。

（4）胶合　互相接触的两机件间压力过大，导致瞬时温度过高时，相接触的两表面会发生粘在一起的现象，同时两接触表面又作相对滑动，粘住的地方即被撕破，于是在接触面上沿相对滑动的方向形成伤痕，就称为胶合。

（5）破坏正常工作条件引起的失效　有些零件只有在一定的工作条件下才能正常工作，如液体摩擦的滑动轴承，只有当存在完整的润滑油膜时才能正常地工作；带传动和摩擦轮传动，只有当传递的有效圆周力小于临界摩擦力时才能正常地工作；高速转动的零件，只有当其转速和转动系统的固有频率避开一个适当的间隔时才能正常地工作等。如果破坏了这些必备的条件，则将发生不同类型的失效。

1.6　注意事项

1）不要用手人为地拨动零部件。

2）不要随意按动控制面板上的按钮。

3）遵守实验室规则，规范操作，注意安全。

实验报告一

实验名称：＿＿＿＿＿＿＿＿＿＿＿＿＿＿　　实验日期：＿＿＿＿＿＿＿＿＿＿＿＿

班级：＿＿＿＿＿＿＿＿＿＿＿＿＿＿＿　　姓名：＿＿＿＿＿＿＿＿＿＿＿＿＿＿＿

学号：＿＿＿＿＿＿＿＿＿＿＿＿＿＿＿　　同组实验者：＿＿＿＿＿＿＿＿＿＿＿＿

实验成绩：＿＿＿＿＿＿＿＿＿＿＿＿＿　　指导教师：＿＿＿＿＿＿＿＿＿＿＿＿＿

（一）实验目的

（二）思考问答题

1. 螺纹连接

1）螺纹连接与焊接、铆接、胶接相比有什么区别？

2）为什么管螺纹主要用于连接？

3）为什么梯形、矩形、锯齿形螺纹主要用于传递运动和动力？

4）梯形、矩形、锯齿形螺纹各有什么特点？

5）圆弧形螺纹与管螺纹相比适用场合有何不同？

6）螺纹按旋向分几种？常用哪种？

7）单线和双线（多线）螺纹在自锁上和传动效率上有什么区别？

8）粗牙、细牙螺纹哪种自锁性好？为什么？哪种强度高？为什么？

9）普通螺栓连接和铰制孔用螺栓连接在结构上有何区别？用途上有何区别？

10）螺栓连接和螺钉连接在结构上有何区别？

11）普通螺栓连接和螺钉连接哪种适合经常拆卸的场合？

12）被连接件不能制成通孔时用什么连接方式为好？

13）螺钉连接和双头螺柱连接的适用场合有何不同？

14）紧定螺钉的作用是什么？

15）常见的螺纹连接紧固件有哪几类？试各举两例。

16）螺栓的头部形状很多，最常见的有哪几种？

17）为什么螺钉头部有内六角、十字槽头等多种形式？

18）六角螺母中薄螺母和厚螺母各用于何种场合？

19）锁紧螺母的螺纹为什么常用细牙螺纹？

20）悬置螺母起什么作用？

21）垫圈有什么作用？平垫、弹簧垫各用于何种场合？

22）一般来说连接用的管螺纹都具有自锁性，为什么还要对螺纹连接进行防松？

23）螺纹连接的防松方法有哪几种？

24）摩擦防松有什么优点？用于什么场合？

25）重要连接中应采用何种防松方法？

26）机械防松有什么优点？用于什么场合？

2. 键、花键及销联结

1）键有何作用？

2）键联结可分为哪几种？

3）普通平键的工作面是哪个面？圆头、方头普通平键的键槽有何不同？

4）单圆头普通平键常用于哪种场合？

5）滑键和导向平键的使用场合有什么不同？

6）半圆键应用于何种场合？它有什么特点？

7）钩头键的钩头有什么作用？在安装时有什么要求？

8）各种键联结中哪种轴与毂的定心精度高？哪种定心精度低？为什么？

9）各种键联结中哪种传递转矩大？为什么？

10）哪种键联结能承受轴向力？为什么？

11）销的作用是什么？

12）圆柱销和圆锥销各用于什么场合？

13）试说出几种特殊形式销的特点。

14）花键联结适用于何种场合？

15）花键按照齿形可以分为哪几种？

16）花键是否可以用于静联结？

17）渐开线花键与矩形花键哪种定心精度高？为什么？

18）三角形花键适用于什么场合？

3. 带传动

1）按横截面形状不同，摩擦型传动带可以分为哪几种？

2）平带和 V 带的工作面有什么不同？摩擦力分析有何不同？

3）多楔带兼有平带和 V 带的什么优点？适用于什么场合？

4）与 V 带相比，同步带有什么特点？适用于何种场合？

5）与宽 V 带相比，窄 V 带常用于传递动力大而又要求传动装置紧凑的场合，为什么？

6）与齿轮传动相比，带传动有什么优、缺点？

7）V 带由哪几部分组成？各部分起什么作用？

8）普通 V 带的型号有哪几种？

9）带轮的结构有哪几种？如何选择带轮的结构？

10）带传动的主要传动形式有哪几种？各用于什么场合？

11）交叉传动和垂直传动应选用何种类型的带？

12）为什么在带工作一段时间后需将带重新张紧？

13）带传动中常用的张紧方法有哪些？各用于什么场合？

14）若中心距不能调整时，可采用什么方式保持带的张紧？

15）对平带传动而言，张紧轮一般放在什么位置？为什么？

16）对 V 带传动而言，张紧轮一般放在什么位置？为什么？

17）带传动有哪几种失效形式？

4. 链传动

1）按照工作性质的不同，链可以分为哪几种？各用于什么场合？一般在机械中最常用的是什么链？

2）与带传动、齿轮传动相比，链传动有什么优、缺点？

3）滚子链链条由哪些零件组成？哪些部位是间隙配合？哪些部位是过盈配合？

4）传动中链轮牙齿与链条滚子之间的运动属什么性质的运动？

5）滚子链的内、外链板为什么均制成"∞"字形？

6）滚子链接头形式有哪几种？如何选择链接头形式？

7）为什么链节数最好取偶数？

8）与滚子链相比，齿形链有什么优、缺点？

9）最常用的链轮端面齿形是什么？

10）链轮的结构有哪几种？如何选择链轮的结构？

11）链传动张紧的目的是什么？张紧方法有哪些？

12）为什么要对链传动进行润滑？

13）链传动的润滑方式有哪几种？

14）链传动布置时有何要求？

15）链传动的主要失效形式有哪些？

5. 齿轮传动和蜗杆传动

1）齿轮机构按照两轴的相对位置可分为哪几类？

2）齿轮传动按照工作条件可分为哪几种？

3）重要的齿轮传动应采用何种传动方式？

4）为什么开式齿轮传动只用于低速场合？

5）轮齿的失效形式有哪几种？哪种与齿根弯曲强度有关？哪种与齿面接触强度有关？

6）软齿面的闭式齿轮传动中最容易发生的失效形式是什么？

7）开式齿轮传动中最容易发生何种失效形式？

8）直齿圆柱齿轮上的力可以分为哪几个？各力方向如何判断？

9）斜齿圆柱齿轮上的力可以分为哪几个？各力方向如何判断？

10）斜齿轮螺旋角的取值有什么要求？

11）锥齿轮副中一个齿轮上的径向力和轴向力在数值上与另一个齿轮上的轴向力

和径向力有什么关系？

12）齿轮有哪几种结构形式？

13）什么情况下可将齿轮和轴制成一体的？设计中其他几种形式根据什么条件来选择？

14）如何选择闭式齿轮传动的润滑方式？

15）蜗杆传动有什么优、缺点？蜗杆传动用于何种场合？

16）按形状的不同，蜗杆可分为哪几种？常用的是哪一种？

17）按旋向的不同，蜗杆可以分为哪几种？常用的是哪一种？

18）蜗杆传动中为什么要进行热平衡计算？

19）蜗杆传动的润滑方式有哪几种？

20）蜗杆传动中为什么一般将蜗杆布置在下方？

21）为什么蜗轮轮齿材料常用有色金属？

22）蜗杆传动的主要失效形式有哪几种？

6. 滑动轴承

1）与滚动轴承相比，滑动轴承有什么优点？适用于什么场合？

2）滑动轴承按照承受载荷的方向可分为哪几种？

3）按润滑表面状态不同滑动轴承可分为哪几种？

4）滑动轴承轴瓦的材料应具备哪些性能要求？

5）为什么要对滑动轴承进行润滑？如何选择润滑油？

6）何种场合下使用润滑脂润滑？

7）滑动轴承中轴套上油沟的开法有什么要求？

8）滑动轴承中的给油方法有哪几种，试各举一例。

7. 滚动轴承

1）滚动轴承由哪几部分组成？

2）根据不同轴承结构的要求，滚动体有哪几种形式？

3）为什么说滚动体是滚动轴承中的核心元件？

4）按照承受载荷的方向或公称接触角的不同，滚动轴承可分为哪两大类？它们承受载荷的方向如何？

5）国标规定滚动轴承的代号由几部分组成？其中核心部分是什么？

6）滚动轴承的基本代号包括哪几部分？

7）60000、30000、N0000、70000 轴承各应用于什么场合？

8）滚动轴承的组合结构设计需解决哪些问题？

9）滚动轴承的固定方式有哪几种？各适用于何种场合？

10）对滚动轴承进行润滑和密封的目的是什么？

11）滚动轴承的润滑剂有哪几种？为什么一般情况下滚动轴承常采用润滑脂润滑？

12）如何选择滚动轴承的润滑方式？

13）滚动轴承中密封方式的选择与哪些因素有关？

14）密封方法有哪几类？试各举一例，并说明其使用场合。

15）接触式密封和非接触式密封各用于什么场合？

8. 联轴器和离合器

1）联轴器与离合器各分为哪几种类型？

2）联轴器和离合器的作用是什么？二者使用条件有什么不同？

3）实际应用中如何选择合适的联轴器？

4）弹性联轴器中弹性元件有什么作用？常用的弹性联轴器有哪几种？

5）离合器按离合方法不同可分为哪几类？按操纵方式不同可分为哪几类？

9. 轴

1）按轴线的形状进行分类，轴可分为哪几类？

2）按承受的载荷性质进行分类，轴可分为哪几类？试各举一例。

3）进行轴的结构设计时应考虑哪些因素？

4）可采取哪些措施改善轴的受力状况？

5）可采取哪些措施减少轴的应力集中？

6）为什么常将轴设计成阶梯形？阶梯轴上有哪些结构？

7）轴上零件的轴向固定方式有哪些？

8）当采用套筒、螺母、轴端挡圈作轴向固定时应注意什么？为什么？

9）轴上零件的周向固定方式有哪些？

10）同一根轴不同轴段上的键槽设计有什么要求？为什么？

11）轴的主要失效形式有哪几种？

10. 弹簧

1）弹簧的主要类型和功用是什么？

2）螺旋弹簧是应用最广泛的一种弹簧，按受载情况可分为哪几种？

3）通过观察各种弹簧，总结弹簧材料应具有的性能。

4）试举例说明弹簧的应用场合。

（三）实验心得、建议和探索

第 2 章　受轴向载荷的单个螺栓连接实验

2.1　概述

螺栓连接是机器中广泛采用的一种重要的连接形式，常为可拆连接。受预紧力和轴向工作载荷的螺栓连接中，常见的应用实例是流体传动中液压缸的法兰盘连接，汽车发动机中气缸盖与气缸体的连接（图 2-1）等。

可以通过哪些措施来提高螺栓的寿命？在机械设计中介绍了三种措施：①提高被连接件的刚度；②减小螺栓的刚度；③提高螺栓连接的预紧力。也可以同时采用上述三种措施。在预紧力给定的条件下，措施①、②将导致螺栓连接残余预紧力的减小，这对有密封要求的连接是必须考虑的；措

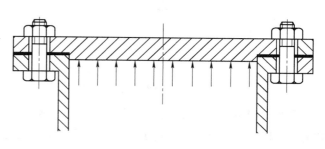

图 2-1　气缸盖与气缸体的连接

施③会引起螺栓静强度的减弱。上述结论是否正确？通过本实验我们来观察、分析螺栓的连接特性。

承受预紧力和工作拉力的紧螺栓连接是最常见的一种连接形式，这种紧螺栓连接承受轴向拉伸工作载荷后，由于螺栓和被连接件的弹性变形，螺栓所受的总拉力并不等于预紧力和工作拉力之和。根据理论分析，螺栓的总拉力除了与预紧力 F_0 和工作拉力 F 有关外，还受到螺栓刚度 C_b 和被连接件刚度 C_m 等因素的影响。当应变在弹性范围之内时，各零件的受力可根据静力平衡关系和变形协调条件求出。图 2-2 所示为单个螺栓连接在承受轴向拉伸载荷前后的受力及变形情况。

图 2-2a 所示为螺母刚好拧到和被连接件相接触，但尚未拧紧的理想状态。此时，螺栓和被连接件均未受力，因此无变形发生。

图 2-2b 所示为螺母已拧紧，但尚未承受工作载荷。此时，螺栓受预紧力 F_0 的拉伸作用，其伸长量为 λ_b；而被连接件则在力 F_0 的作用下被压缩，其压缩量为 λ_m。

图 2-2c 所示为连接承受工作载荷时的情况。此时若螺栓和被连接件的材料在弹性变形范围内，则两者的受力与变形关系符合胡克定律。当螺栓承受工作载荷后，因其所受的拉力由 F_0 增大至 F_2 而继续伸长，其伸长量增加 $\Delta\lambda$，总伸长量为 $\lambda_b + \Delta\lambda$。与此同时，原来被压缩的被连接件则因螺栓伸长而被放松，其压缩量也随着减小。根据连接的变形协调条件，被连接件压缩变形的缩小量应等于螺栓拉伸变形的增加量 $\Delta\lambda$。因而，总压缩量为 $\lambda_m' = \lambda_m - \Delta\lambda$。而被连接件的压力由 F_0 减少至 F_1（残余预紧力）。

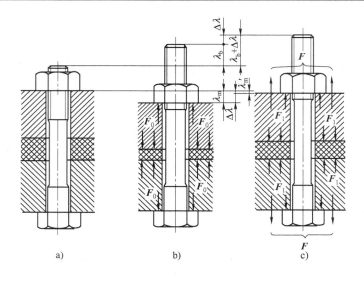

图 2-2　螺栓和被连接件受力变形图

a）螺母未拧紧　b）螺母已拧紧　c）已承受工作载荷

显然，连接受载后，由于预紧力的变化，螺栓的总拉力 F_2 并不等于预紧力 F_0 与工作拉力 F 之和，而等于残余预紧力 F_1（为保证连接的紧密性，应使 $F_1 > 0$）与工作拉力 F 之和。即

$$F_2 = F_1 + F$$

上述的螺栓和被连接件的受力与变形关系还可以用线图表示，如图 2-3 所示。图中纵坐标代表力，横坐标代表变形。螺栓拉伸变形由坐标原点 O_b 向右量起；被连接件压缩变形由坐标原点 O_m 向左量起。图 2-3a、b 分别表示螺栓和被连接件的受力与变形的关系。由图可见，在连接尚未承受工作拉力 F 时，螺栓的拉力和被连接件的压缩力都等于预紧力 F_0。因此，为分析上方便，将图 2-3a 和 b 合并成图 2-3c。

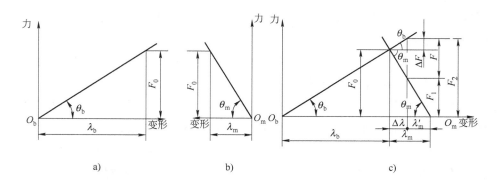

图 2-3　单个紧螺栓连接受力变形线图

由图 2-3 可得螺栓和被连接件的刚度 C_b、C_m 分别为

$$C_b = \tan\theta_b = \frac{F_0}{\lambda_b}$$

$$C_{\mathrm{m}} = \tan\theta_{\mathrm{m}} = \frac{F_0}{\lambda_{\mathrm{m}}}$$

再由图 2-3c 中的几何关系，得 $\Delta F = \dfrac{C_{\mathrm{b}}}{C_{\mathrm{b}} + C_{\mathrm{m}}} F$，则

$$F_2 = F_0 + \frac{C_{\mathrm{b}}}{C_{\mathrm{b}} + C_{\mathrm{m}}} F$$

其中，$\dfrac{C_{\mathrm{b}}}{C_{\mathrm{b}} + C_{\mathrm{m}}}$ 称为螺栓的相对刚度，其大小与螺栓和被连接件的结构尺寸、材料以及垫片、工作载荷的作用位置等因素有关，可通过实验或计算求出，其值在 $0 \sim 1$ 之间变动。当被连接件为钢制零件时，一般可根据垫片材料不同推荐采用如下数据：金属垫片（或无垫片）为 $0.2 \sim 0.3$；皮革垫片为 0.7；铜皮石棉垫片为 0.8；橡胶垫片为 0.9。为降低螺栓的受力，提高螺栓的承载能力，在保持预紧力不变的条件下，应使 $\dfrac{C_{\mathrm{b}}}{C_{\mathrm{b}} + C_{\mathrm{m}}}$ 值尽量小些，减小螺栓刚度 C_{b} 或增大被连接件刚度 C_{m} 都可以达到减小总拉力 F_2 变化范围的目的。因此，在实际承受动载荷的紧螺栓连接中，宜采用柔性螺栓（减小 C_{b}）和在被连接件之间使用硬垫片（增大 C_{m}）。

2.2 预习作业

1. 当螺栓承受变动外载荷时，为什么粗螺栓的疲劳寿命比细长螺栓的寿命短？

2. 为什么要控制预紧力？用什么方法控制预紧力？

3. 连接螺栓的刚度大些好还是小些好？为什么？

4. 静载荷与变载荷作用下螺栓连接的失效形式有何不同？失效部位通常发生在何处？

5. 画出螺栓连接的结构图并标注相关尺寸。

2.3　实验目的

1）了解螺栓连接在拧紧过程中各部分的受力情况。

2）计算螺栓相对刚度，并绘制螺栓连接的受力变形图。

3）验证受轴向工作载荷时，预紧螺栓连接的变形规律及其对螺栓总拉力的影响。

4）通过螺栓的动载实验，改变螺栓连接的相对刚度，观察螺栓动应力幅值的变化，以验证提高螺栓连接疲劳强度的各项措施。

5）掌握用应变法测量螺栓受力的实验技能。

2.4　实验设备及工具

1. LZS-A 型螺栓连接实验台（图 2-4）

1）连接部分包括 M16 的空心螺栓 10、螺母 13、组合垫片 14 和 M8 的螺杆 18 组成。空心螺栓贴有测拉力和扭矩的两组应变片，分别测量螺栓在拧紧时所受预紧拉力和扭矩。空心螺栓的内孔中装有 M8 的螺杆，拧紧或松开其上的手柄杆，即可改变空心螺栓的实际受载截面积，以达到改变连接件刚度的目的。组合垫片由弹性和刚性两种垫片组成。

2）被连接件部分有上板 11、下板 5、八角环 16 和锥塞 7 组成，八角环上贴有应变片，测量被连接件受力的大小，八角环中部有锥形孔，插入或拔出锥塞即可改变八角环的受力，以改变被连接件系统的刚度。

3）加载部分由蜗杆 2、蜗轮 4、挺杆 19 和弹簧 9 组成。挺杆上贴有应变片，用以测量所加工作载荷和大小。蜗杆一端与电动机 1 相连，另一端装有手轮 20，起动电动机或转动手轮使挺杆上升或下降，以达到加载、卸载（改变工作载荷）的目的。

2. JYB-1 数字静态应变仪（图 2-5）

（1）特点及工作原理　该数字静态应变仪主要用于实验应力分析及静力强度研究中测量结构及材料任意点变形的应力分析，其主要特点是：测量点数多，操作简单、便携，能方便地连接计算机，可进行单臂、半桥、全桥测量，K 值连续可调。该仪器可配接压力、拉力、扭矩、位移、温度等传感器，通过计算机可换算出各被测量的大小。

螺栓的应变量用应变仪来测量，由测得的应变量可计算出螺栓应力的大小。JYB-1 数字静态应变仪采用了包含测量桥和读数桥的双桥结构，两桥通常都保持平衡状态。螺栓连接实验台各测点均采用箔式电阻应变片，针对本实验，调节其阻值为 120Ω，灵敏系数 $K = 2.20$。

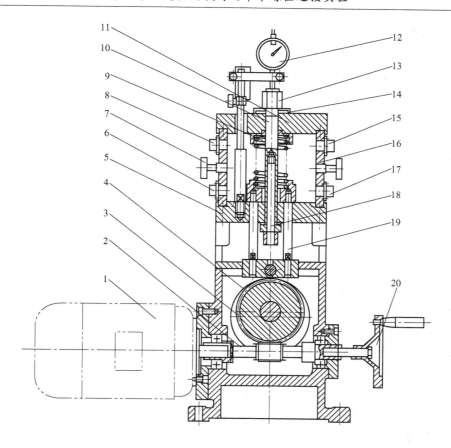

图 2-4　螺栓连接实验台结构

1—电动机　2—蜗杆　3—凸轮　4—蜗轮　5—下板　6—扭力插座　7—锥塞　8—拉力插座　9—弹簧
10—M16 空心螺杆　11—上板　12—千分表　13—螺母　14—组合垫片　15—八角环压力插座
16—八角环　17—挺杆压力插座　18—M8 螺杆　19—挺杆　20—手轮

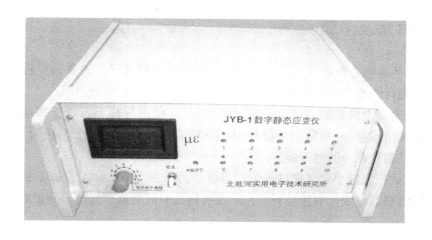

图 2-5　JYB-1 数字静态应变仪

其应变量测试原理为：当被测件在外力作用下长度发生变化时，应变片的电阻值也随着发生了 ΔR 的变化，这样就把机械量转换成电量（电阻值）的变化。用灵敏的电阻测量仪——电桥，测出电阻值的变化 $\Delta R/R$，就可以换算出相应的应变 ε，并可直接在测量仪的显示屏上读出应变值。

（2）主要技术参数

1）测量点数：10 个点。

2）测量范围：$0 \sim \pm 19999 \mu \varepsilon$。

3）显示分辨率：$1 \mu \varepsilon$。

4）基本误差：测量值的 $\pm 0.1\% \pm 2 \mu \varepsilon$。

5）稳定性：零点漂移 $\leqslant \pm 3 \mu \varepsilon /4h$；

温度漂移 $\leqslant \pm 3 \mu \varepsilon /℃$；

灵敏度变化为测量值的 $\pm 0.1\% \pm 2$ 个字。

6）灵敏系数：K 值可调范围为 $1.8 \sim 2.6$。

7）预调平衡范围：约 $\pm 5000 \mu \varepsilon$。

8）适用应变片电阻范围：$60 \sim 1k\Omega$。

9）可方便地进行单臂、半桥、全桥测量。

10）桥压：直流 2V。

11）电源：交流 220V（$\pm 10\%$），50Hz。

12）工作环境：温度 $0 \sim +40℃$，相对湿度小于 80%。

3. 计算机专用多媒体软件及其他配套工具

1）需要计算机的配置为带 RS232 接口主板、128M 以上内存、40G 硬盘。

2）实验台专用多媒体软件可进行螺栓静态连接实验的数据结果处理、整理，并打印出所需的实测曲线和理论曲线图，待实验结束后进行分析。

3）专用指示式扭力扳手（$0 \sim 200$）N·m 一把，量程为 $0 \sim 1mm$ 的千分表两个。

2.5 实验方法及步骤

1）捋线，将各测点数据线分别接于应变仪各对应接线端子上，并转动转换开关至相应测点，用螺钉旋具调节电阻平衡电位器，使各测点的应变显示数字为零。

2）取出八角环上两锥塞，转动手轮（单方向），使挺杆降下，处于卸载位置；手拧螺母至刚好与垫片组接触，（预紧初始值）螺栓不能有松动的感觉。分别将两个千分表调零，并保证千分表长指针有一圈的压缩量。

3）用指示式扭力扳手预紧被试螺母，当扳手力矩为 30N·m 时，取下扳手，完成螺栓预紧。此时转动静态应变仪的转换开关，测量各测点的应变值、读出千分表数值，记录数据并计算。

4）转动手轮（单方向），使挺杆上升 10mm 的高度，再次测量各测点的应变值，读出千分表数值，记录数据。

5）根据千分表的读数求出螺栓的伸长变形增加量 $\Delta\delta_1$ 和被连接件的压缩变形减小量 $\Delta\delta_2$，用八角环的应变量求出残余预紧力 F_1，由挺杆应变值求出工作载荷 F，由螺栓应变值求出总拉力 F_2，并绘制在受力—变形图上，用以验证螺栓受轴向载荷作用时是否符合变形协调规律（$\Delta\delta_1 = \Delta\delta_2$），以及螺栓上总拉力 F_2 与残余预紧力 F_1、工作载荷 F 之间的关系。

2.6 已知条件及相关计算公式

1）螺栓参数。材料为 45 钢，弹性模量 $E = 2.06 \times 10^5 \mathrm{MPa}$，螺栓大径 $d = 16\mathrm{mm}$，螺栓中径 $d_2 = 14.27\mathrm{mm}$。

2）螺纹副摩擦力矩为

$$T_1 = F_0 \frac{d_2}{2}\tan(\psi + \varphi_v)$$

式中　F_0——螺纹预紧力；

ψ——螺纹升角，$\psi = \arctan\dfrac{P_h}{\pi d_2} = 2.254$，$P_h$ 为导程。

φ_v——当量摩擦角，$\varphi_v = \arctan 0.15$。

3）扳手拧紧力矩

$$T \approx 0.2 F_0 d$$

因作用在螺纹上的预紧力比扳手一端所施加的拧紧力要大许多倍，因此对于重要场合的连接，应严格控制其拧紧力矩。

4）螺栓的相对刚度为

$$\frac{C_b}{C_b + C_m}$$

式中　C_b——螺栓刚度，$C_b = \dfrac{F_0}{\lambda_b}$；

C_m——被连接件刚度，$C_m = \dfrac{F_0}{\lambda_m}$。

5）应变值与力的换算

$$F_{测} = \frac{\varepsilon_{测}}{\mu_{标}}$$

2.7 实验小结

1. 注意事项

1）电动机的接线必须正确，电动机的旋转方向为逆时针（面向手轮正面）。

2）各注油孔及螺母端面应加油润滑。

3）数字静态应变仪应尽量放置在远离磁场源的地方。

4）应变片不得置于阳光暴晒之下，同时测量时应避免高温辐射和空气剧烈流动的影响。

5）测量过程中不得移动实验设备及电源线。

2. 常见问题

1）施加轴向工作载荷后，连接接合面处出现开缝，此时应增大螺栓应变值。

2）实验过程中，预紧力和工作载荷应从小到大进行调整，否则可能会影响测量结果的准确性。

2.8　工程实践

螺栓连接是机械设备设计制造中常用的连接方式之一，具有加工简单、装配方便、承载能力强、可靠性高等一系列优点，被广泛应用于航空航天、船舶、汽车、土木等各种工程领域连接结构中。实际工程中，螺栓连接处往往是整个结构中刚度相对较弱的部位，在外加载荷（静载荷或是动载荷）作用下，螺栓连接的状态会发生改变，出现松动、滑移甚至断裂等现象，影响连接结构的正常工作，严重时会对工作人员造成人身伤害。因此，为保证螺栓连接的强度、刚度及紧密性，必须对螺栓进行受力分析。

1. 斗轮堆取料机回转支承螺栓连接

斗轮堆取料机（图2-6），简称斗轮机，是现代化工业大宗散状物料连续装卸的高效设备，目前已经广泛应用于港口、码头、冶金、水泥、钢铁厂、焦化厂、储煤厂、发电厂等散料（矿石、煤、焦炭、砂石）储料场的堆取作业，缩短了装卸时间，提高了工作效率，减轻了工人的劳动强度。斗轮机是利用斗轮连续取料，并通过电动机带动的带式输送机构连续堆料的有轨式装卸机械。它是散状物料储料场内的专用机械，是在斗轮挖掘机的基础上演变而来的，可与卸车（船）机、带式输送机、装船（车）机组成储料场运输机械化系统，生产能力每小时可达1万多吨。斗轮堆取料机的作业有很强的规律性，易实现自动化。控制方式有手动、半自动和自动等。斗轮堆取料机按结构分为臂架型和桥架型两类。

由于斗轮机工况繁多，各机构受力复杂，在选定具有足够承载能力的回转支承后，通常采用承载能力高、抗疲劳能力强的高强度螺栓作为轴承上、下座圈与上部回转机构和下面固定部分相连接的紧固件。由于上部回转机构在堆取料时承受的各种载荷靠回转支承传递到下面的固定机构，所以高强度螺栓连接对于斗轮机的安全工作至关重要，若螺栓失效，必将对生产造成严重的影响。因此，对回转轴承中连接螺栓的受力情况进行精确的疲劳分析具有重要意义。

螺栓在安装时靠施加的预紧力使两个接触面间紧密连接，利用两构件接触面间的摩擦力来传递剪力。因为高强度螺栓的整体性能好，抗疲劳能力强，所以，在起重运输机械结构中应用日趋广泛。当高强度螺栓不受外载荷时，只在预紧力作用下，此时螺栓组只受工作压力，载荷变化幅度为零，在这种情况下螺栓不会发生疲劳破坏。当螺栓承受工作拉力时，受到脉动变化的载荷，载荷变化幅度为 ΔF，此时螺栓存在疲劳断裂问题。理论上螺栓的工作载荷不允许出现拉力，然而在实际工作过程中，斗轮机回转支承螺栓组的受力情况十分复

图 2-6　斗轮堆取料机

杂，螺栓组轴向总载荷将不再只是预紧力，而是处在脉动变化的载荷作用下，这种情况下就必须分析螺栓的疲劳断裂问题。

在实际工作中，斗轮机通过不同角度的变幅和回转实现堆、取料作业，螺栓受力也会随着回转部分重心位置的变化而变化。在设计时，回转机构各部分的重量分布要合理，使得回转部分的重心在不同变幅、回转角度时都控制在合理的范围之内，螺栓就会有合理的应力幅值，从而具有较长的使用寿命。

2. 法兰螺栓连接预紧力的控制方法

法兰螺栓连接是压力容器、石油化工设备及管道中应用极为广泛的一种可拆式静密封连接结构。法兰螺栓连接系统的主要失效形式是泄漏，而螺栓预紧是保证连接面不发生泄漏的重要环节之一。在螺栓连接中，螺栓在安装的时候都必须拧紧，即在连接承受工作载荷之前，预先受到力的作用，这个预加的作用力称为预紧力。预紧的目的在于增强连接的可靠性和紧密性，以防止受载后被连接件间出现缝隙或发生相对滑移。所以，确定预紧力的准确数值和拧紧螺母时控制预紧力的精度就变得尤为重要。

螺栓拧紧后，螺栓受到的力通过法兰面压紧垫片，垫片被压实，使压紧面上的间隙被填满，为防止介质泄漏达到了初始的密封条件。螺纹连接的预紧力将对螺栓的总载荷、连接的临界载荷、抵抗横向载荷的能力和接合面密封能力等产生影响。要保证螺纹连接能够克服被连接件所受的各种静态或动态外力，需要控制预紧力。

通过拧紧力矩控制预紧力的特点是控制目标直观，测量容易，操作过程简便，控制程序简单；缺点是由于会受到摩擦因数和几何参数偏差的影响，在一定的拧紧力矩下，预紧力数值的离散性比较大。因此，通过拧紧力矩控制预紧力的控制精度不高，误差一般可达到40%左右，精度低、材料利用率低，这种方法一般用在不太重要的场合。

螺栓伸长法控制预紧力就是在拧紧过程中或拧紧结束后测量螺栓的伸长长度，利用预紧力与螺栓长度变化量的关系，控制螺栓预紧力的一种方法。螺栓伸长法的优点是由于螺栓的伸长只与螺栓的应力有关，不用考虑摩擦因数、接触变形、被连接件变形等可变因素的影响，误差较小、材料利用率高；缺点是由于在实际工程问题上，测量螺栓的伸长量不太方便，这种方法一般用在需要严格控制精度的场合。在化工行业，对于法兰连接系统等密封要求较高的场合，螺栓伸长法特别适用。

预紧力控制方法的选择一定要根据连接件的实际情况而定。在选择控制方法之前，应明确连接件的要求、预紧力的精度要求和控制方法的应用场合，然后通过试验与分析找出最合理的方法。

实验报告二

实验名称：＿＿＿＿＿＿＿＿＿＿　　　　实验日期：＿＿＿＿＿＿＿＿＿＿

班级：＿＿＿＿＿＿＿＿＿＿＿　　　　　姓名：＿＿＿＿＿＿＿＿＿＿＿

学号：＿＿＿＿＿＿＿＿＿＿＿　　　　　同组实验者：＿＿＿＿＿＿＿＿

实验成绩：＿＿＿＿＿＿＿＿＿＿　　　　指导教师：＿＿＿＿＿＿＿＿＿

（一）实验目的

（二）实验设备

（三）实验结果

项目 ＼ 测点		螺栓（拉）	螺栓（扭）	八角环（压）	挺杆（压）
标定系数 $\mu_{标}$		0.185	7.93	-0.61	-1.03
应变值 /$\mu\varepsilon$	加载前				
	加载后				$\varepsilon_{杆}$
力 /N	加载前	F_0		F_0	
	加载后	F_2		F_1	F
千分表 读数 δ	加载前	δ_1		δ_2	
	加载后	δ_1'		δ_2'	F

（四）计算螺栓相对刚度

（五）在图 2-7 中绘制螺栓连接受力—变形图

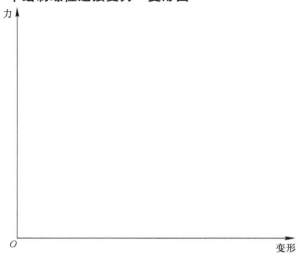

图 2-7　力—变形曲线

（六）思考问答题

1. 在拧紧螺母时，要克服哪些阻力矩？此时螺栓和被连接件各受怎样载荷？

2. 拧紧后又加工作载荷的螺栓连接中，螺栓所受总拉力是否等于预紧力加工作载荷？应该怎样确定？

3. 从实验中可以总结出哪些提高螺栓连接强度的措施？

4. 改变连接件与被连接件的刚度对其受力与变形有何影响？有哪些措施可以提高螺栓连接的承载能力？

5. 为提高螺栓的疲劳强度，被连接件之间应采用软垫片还是硬垫片？为什么？

6. 变形协调关系是否得以验证？理论计算与实验结果之间存在误差的原因有哪些？

（七）实验心得、建议和探索

第3章 受倾覆力矩的螺栓组连接实验

3.1 概述

大多数机器的螺纹连接件都是成组使用的，其中以螺栓组连接最具有典型性。图 3-1a 所示为受倾覆力矩作用的底板螺栓组连接。

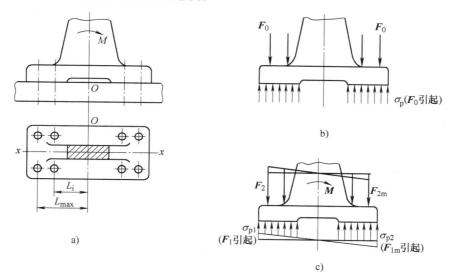

图 3-1 受倾覆力矩的螺栓组连接

倾覆力矩 M 作用在通过 x-x 轴并垂直于连接接合面的对称平面内。计算时假定底板是刚体，倾转时不变形，即仍保持为平面；地基与螺栓是弹性体。同时，假定底板在受到倾覆力矩作用后，将绕对称轴线 O—O 倾转一个角度。底板承受倾覆力矩前，由于螺栓已拧紧，螺栓受到预紧力 F_0，有均匀的伸长；地基在各螺栓 F_0 的作用下，有均匀的压缩，如图 3-1b 所示。当底板受到倾覆力矩 M 作用后，它绕轴线 O—O 倾转一个角度，但仍保持为平面。此时，在轴线 O—O 左侧，地基被放松，螺栓被进一步拉伸；在右侧，螺栓被放松，地基被进一步压缩。这些拉伸与压缩的变形量与离开轴线 O—O 的距离成正比。底板的受力情况如图 3-1c 所示。由于底板倾转，致使左侧螺栓所受到的载荷由预紧力 F_0 上升为 F_2。同时，地基所受到的挤压应力减少到 σ_{p1}，$\sigma_{p1} = \sigma_p - \Delta\sigma_p$。右侧的螺栓所受载荷由预紧力 F_0 下降为 F_{2m}，同一处的地基所受到的挤压应力增大至 σ_{p2}，$\sigma_{p2} = \sigma_p + \Delta\sigma_p$。

上述过程，可用单个螺栓—地基的受力变形图来表示，如图 3-2 所示。

为简便起见，地基与底板的互相作用力以作用在各螺栓的集中力代表。如图 3-2 所示，斜线 O_bA 表示螺栓的受力变形线，斜线 O_mA 表示地基的受力变形线。在倾覆力矩 M 作用以前，螺栓和地基的工作点都处于 A 点。这时，螺栓受有拉伸力 F_0，而地基受有压缩力 F_0，两者大小相同，但是作用在底板上的方向相反（地基对底板的作用力指地基所受压缩力的反力）。因此，底板上受到的合力为零。当底板上受到外加的倾覆力矩 M 后，在倾转轴线 O—O 左侧，螺栓与地基的工作点分别移至 B_1 与 C_1 点，即螺栓受的拉力增至 F_2，地基受到的压力减少到 F_1，两者作用到底板上的合力等于螺栓的工作载荷 F，方向向下。在 O—O 右侧，螺栓与地基的工作点分别移至 B_2 与 C_2 点，地基所受的压力增至 F_{1m}，而螺栓所受的拉力减少至 F_{2m}，两者作

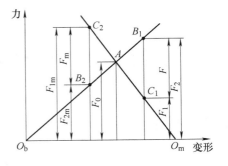

图 3-2　单个螺栓—地基的受力变形图

用到底板上的合力等于载荷 F_m，其大小等于工作载荷 F，方向向上。作用在 O—O 两侧底板上的两个总合力，对 O—O 形成一个力矩，这个力矩与外加的倾覆力矩 M 相平衡。即

$$M = \sum_{i=1}^{z} F_i L_i \tag{3-1}$$

根据螺栓变形协调条件，各螺栓的拉伸变形量与其中心至底板翻转轴线的距离成正比。因为拉伸刚度相同，所以左边螺栓的工作载荷和右边底板螺栓处的压力也与这个距离成正比，于是

$$\frac{F_1}{L_1} = \frac{F_2}{L_2} = \cdots = \frac{F_z}{L_z}$$

又因

$$F_i = F_{max} \frac{L_i}{L_{max}}$$

则

$$M = F_{max} \sum_{i=1}^{z} \frac{L_i^2}{L_{max}}$$

所以，螺栓所受的最大工作载荷为

$$F_{max} = \frac{M L_{max}}{\sum_{i=1}^{z} L_i^2} \tag{3-2}$$

式中　z——总的螺栓个数；

　　　L_i——各螺栓轴线到底板轴线 O—O 的距离；

　　L_{max}——L_i 中的最大值（图 3-1a）。

为了防止接合面受压最大处被压碎或受压最小处出现间隙，应该检查受载后地基接合面压应力的最大值不超过允许值，最小值不小于零。即有

$$\sigma_{pmax} = \sigma_p + \Delta\sigma_{pmax} \leqslant [\sigma_p]$$

$$\sigma_{pmin} = \sigma_p - \Delta\sigma_{pmax} > 0$$

根据受轴向载荷紧螺栓连接的理论，螺栓总拉力不仅与预紧力、工作拉力有关，而且与螺栓的刚度系数 C_b 和被连接件的刚度系数 C_m 有关。

3.2　预习作业

1. 被连接件刚度与螺栓刚度的大小对螺栓的动态应力分布有何影响？

2. 在设计受倾覆力矩作用的螺栓组连接时，连接接合面和螺栓应分别满足什么要求？

3. 螺栓相对刚度系数的大小与螺栓及被连接件的材料、尺寸和结构之间有没有关系？为什么？

4. 在倾覆力矩作用下螺栓组连接的失效形式有哪些？

3.3　实验目的

1）测试在翻转力矩作用下螺栓组连接中各螺栓所受的载荷分布情况，画出受力分布图并确定翻转轴线位置。

2）了解并用实验方法确定各螺栓的受力规律及其与相对刚度系数的关系。

3）将实验结果与螺栓组受力分布的理论计算结果进行比较。

4）掌握电阻应变仪的工作原理和使用方法。

3.4　实验设备及工具

1. 螺栓组连接实验台（图 3-3）

螺栓组连接实验台结构示意图如图 3-3 所示。被连接件机座 1 和托架 5 被双排共 10 个

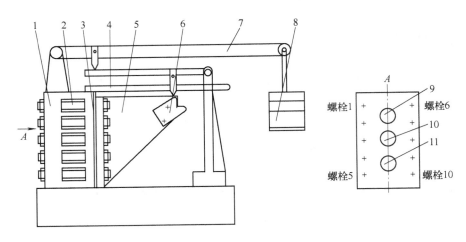

图 3-3　螺栓组连接实验台

1—机座　2—测试螺栓　3—垫片　4—测试梁　5—托架　6—测试齿块　7—双级杠杆加载系统
8—砝码　9—齿板接线柱　10—接线柱（与螺栓 1～5 连接）　11—接线柱（与螺栓 6～10 连接）

螺栓2连接，连接面间加入垫片3（硬橡胶板），砝码8的重力通过双级杠杆加载系统7（杠杆比为 1：75）增力作用到托架 5 上，使托架受到倾覆力矩的作用，螺栓组连接受横向载荷和倾覆力矩的联合作用。由于各个螺栓所受轴向力不同，它们的轴向变形也就不同。在各个螺栓上贴有电阻应变片，可在螺栓中段测试部位的任一侧贴一片，或在对称的两侧各贴一片，如图3-4所示。各个螺栓的受力可通过贴在其上的电阻应变片的变形，用电阻应变仪测得。

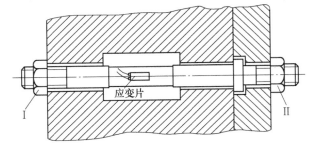

图 3-4　连接螺栓及应变片

螺栓组连接实验台的托架 5（图3-3）上还安装有一测试齿块 6，它是用来做齿根应力测试实验的；机座 1 上还固定有一测试梁 4（等强度悬臂梁），它是用来做梁的应力测试实验的。

2. CQYDJ-4 数字静、动态应变仪（图3-5）

（1）工作原理　CQYDJ-4 静、动态应变仪采用全数字化智能设计，在该机控制模式下，通过 128×64 点阵的 LCD液晶大显示屏，显示当前测点序号及测到的绝对应变值和相对应变值，同时具备灵敏系数数字设定，桥路单点、多点自动平衡及自动扫描测试等功能；在计算机外控模式下，该机可通过连接计算机，与相应软件组成多点静、动态电阻应变测量分析系统，完成从采集存档到生成测试报告等一系列功

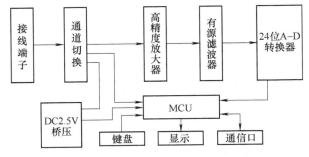

图 3-5　CQYDJ-4 静、动态应变仪系统组成

能，轻松实现虚拟仪器测试。

该仪器的主机自带四路独立的应变测量回路，采用仪器后部接线方式，接线方法兼容常规模拟式静、动态电阻应变仪，使用方便可靠。

如图 3-5 所示，CQYDJ-4 静、动态应变仪主要由测量桥、桥压、滤波器、A-D 转换器、MCU、键盘、显示屏组成，应变量测试原理如前所述。

测量方法：由 DC2.5V 高精度稳定桥压供电，通过高精度放大器，将测量桥桥臂压差放大，然后经过数字滤波器滤去杂波信号，再通过 24 位 A-D 模数转换送入 MCU（即 CPU）处理。该仪器采用计算机内部自动调零的方式调整零点。采用显示屏显示测量的应变数据，同时配有 RS232 通信口，可与计算机通信。

（2）性能特点

1）全数字化智能设计，操作简单，测量功能丰富，能方便地连接计算机，实现虚拟仪器测试。

2）可测量全桥、半桥、1/4 桥电路，其中 1/4 桥测量方式设公共补偿接线端子。

3）每通道测量采用独立的高精度数据放大器、24 位 A-D 高精度转换器（四路），测量准确、可靠，减少了切换变化对测试结果的影响，提高了动态测试的速度。

4）接线时在仪器后部接插，可采用焊片或线叉，真正做到"轻松接线"。

5）接线方式与传统模拟式静、动态电阻应变仪基本相同，可减少静、动态电阻应变仪升级换代中的不便。

6）接线端子采用优质进口元件，经久耐用，接触电阻变化极小。

（3）主要技术参数

1）测量范围：$-30000 \sim +30000\mu\varepsilon$。

2）零点不平衡：$\pm10000\mu\varepsilon$。

3）灵敏系数设定范围：2.00~2.55。

4）基本误差：$\pm0.2\%$。

5）自动扫描速度：1 点/1s。

6）测量方式：1/4 桥、半桥、全桥。

7）零点漂移：$\pm2\mu\varepsilon/24h$，$\pm0.5\mu\varepsilon/℃$。

8）桥压：DC2.5V。

9）分辨率：$1\mu\varepsilon$。

10）测数：4 点（独立）。

11）显示：LCD，分辨率为 128×64 显示测点序号、6 位测量应变值。

12）电源：AC220V（$\pm20\%$），50Hz。

13）功耗：约 10W。

14）外形尺寸：$320mm\times220mm\times148mm$（宽×深×高），深度含仪器把手。

3. 其他仪器工具：螺钉旋具、扳手等

3.5　实验方法

1. 仪器连线

用导线从实验台的接线柱上把各螺栓的应变片引出端及补偿片的连线接到电阻应变仪上。采用半桥测量的方法：若每个螺栓上只贴一个应变片，其连线如图 3-6 所示；若每个螺栓上对称两侧各贴一个应变片，其连线如图 3-7 所示。后者可消除螺栓偏心受力对测量结果的影响。

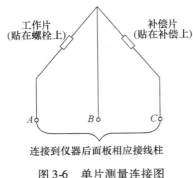

图 3-6　单片测量连接图　　　　　　　　　图 3-7　双片测量连接图

2. 螺栓初预紧

抬起杠杆加载系统，不使加载系统的自重加到螺栓组连接件上。先将图 3-4 所示的左端各螺母 I 用手（不能用扳手）尽力拧紧，再把右端的各螺母 II 也尽力拧紧（如果在实验前螺栓已经受力，则应将其拧松后再作初预紧）。

3. 应变测量点预调平衡

预调平衡砝码加载前，应松开测试齿块（即使载荷直接加在托架上，测试齿块也不受力）。以各螺栓初预紧后的状态为初始状态，先将杠杆加载系统安装好，使加载砝码的重力通过杠杆放大，加到托架上；然后再进行各螺栓应变测量的"调零"（预调平衡），即把应变仪上各测量点的应变量都调到"0"读数。加载后，杠杆一般会呈现右端向下倾斜状态。

4. 螺栓预紧

实现预调平衡之后，再用扳手拧各螺栓右端螺母 II 来施加预紧力。为防止预紧时螺栓右端（图 3-4）受到扭矩作用而产生扭转变形，在螺栓的右端设有一段"U"形断面，它嵌入托架接合面处的矩形槽中，以平衡拧紧力矩。在预紧过程中，为防止各螺栓预紧变形的相互影响，各螺栓应先后交叉并重复预紧（可按 1、10、5、6、7、4、2、9、8、3 的顺序依次进行），使各螺栓均预紧到相同的设定应变量（即应变仪显示值为 $\varepsilon = 280 \sim 320\mu\varepsilon$）。为此，要反复调整预紧 3 ~ 4 次或更多。在预紧过程中，用应变仪来监测。螺栓预紧后，杠杆一般会呈右端上翘状态。

5. 加载实验

完成螺栓预紧后，在杠杆加载系统上依次增加砝码，实现逐步加载。加载后，记录各螺栓的应变值（据此计算各螺栓的总拉力）。注意：加载后，任一螺栓的总应变值（预紧应变

+工作应变）不应超过允许的最大应变值（$\varepsilon_{max} \leqslant 800\mu\varepsilon$），以免螺栓超载损坏。

3.6　实验步骤

1）检查各螺栓应处于卸载状态。

2）用导线将各螺栓的电阻应变片与应变仪背面相应接线柱相连。

3）在不加载的情况下，先用手拧紧螺栓组左端各螺母，再用手拧紧螺栓组右端各螺母，实现螺栓初预紧。

4）在加载的情况下，把应变仪上各个测量点的应变量调到"0"，以实现预调平衡。

5）用扳手交叉并重复拧紧螺栓组右端各螺母，使各螺栓均预紧到相同的设定预应变量（应变仪显示值为 $\varepsilon = 280 \sim 320\mu\varepsilon$）。

6）依次增加砝码，逐步加载到 2.5kg，记录各螺栓的应变值。

7）测试完毕，逐步卸载，并去除预紧。

8）整理数据，计算各螺栓的总拉力，填写实验报告。

3.7　实验结果处理及分析

1. 螺栓组连接实测工作载荷图

根据实测记录的各螺栓的应变量，计算各螺栓所受的总拉力 F_{2i}

$$F_{2i} = E_{\varepsilon_i} S$$

式中　E——螺栓材料的弹性模量（GPa）；

$\quad\quad S$——螺栓测试段的截面积（m^2）；

$\quad\quad \varepsilon_i$——第 i 个螺栓在倾覆力矩作用下的拉伸变量。

根据 F_{2i} 绘出螺栓组连接实测工作载荷图。

2. 螺栓组连接理论计算受力图

砝码加载后，螺栓组受到横向力 Q（N）和倾覆力矩 M（N·m）的作用。即

$$Q = 75G + G_0$$

$$M = QL$$

式中　G——加载砝码重力（N）；

$\quad\quad G_0$——杠杆系统自重折算的载荷（700N）；

$\quad\quad L$——杠杆系统施力点到测试梁之间的力臂长（214mm）。

3.8　实验小结

1. 注意事项

1）实验前应将测试齿块上的固定螺钉拧松。

2）长距离多点测量时，应选择线径、线长一致的导线连接测量片和补偿片。同时导线

应采用绞合方式，以减少导线的分布电容。

3）应选用对地绝缘阻抗大于 500MΩ 的应变片和测试电缆。

4）电阻应变仪属于精密测量仪器，应置于清洁、干燥及无腐蚀性气体的环境中。

2. 常见问题

1）接线时如采用线叉，需旋紧螺钉，否则可能会使接触电阻发生变化而导致测量结果不准确。

2）实验过程中，预紧力和工作载荷应从小到大进行调整，否则可能会影响测量结果的准确性。

3.9　工程实践

在实际应用中，螺栓连接件一般都成组使用。在进行螺栓组连接结构设计时要综合考虑的因素较多，其设计目的在于合理地确定连接接合面的几何形状和螺栓的布置形式，力求各螺栓和连接接合面间受力均匀，便于加工和装配。

1. 风力发电机组高强螺栓连接

风力发电机组（图 3-8）是将风的动能转换为电能的系统。风力发电电源由风力发电机组、支撑发电机组的塔架、蓄电池充电控制器、逆变器、卸荷器、并网控制器、蓄电池组等组成。风力发电机组包括风轮、发电机等。风轮中含有叶片、轮毂、加固件等，当叶片受风力旋转，可实现发电、发电机机头转动等功能。

螺栓连接作为机械行业中最常用、最简单、最有效的连接形式之一，被广泛应用于兆瓦级风力发电机组设备上。风力发电机组几乎所有的关键部件均通过高强度螺栓进行连接。与焊接等其他连接形式相比，高强度螺栓连接具有施工简便、可拆换、受力良好、耐疲劳等优点。各部件之间如变桨轴承与叶片、轮毂与变桨轴承、轮毂与主轴、主机架与偏航轴承、主机架与发电机支架、主轴承座与主机架、塔架与偏航制动盘、塔筒间的连接以及主轴与

图 3-8　风力发电机组

齿轮箱行星架用锁紧盘的连接等均采用高强度螺栓。

风力发电机组和其他通用机械设备相比，具有以下几点特殊性：首先，由于风力发电机的动力来自于风，因此设备有很大的不稳定性，造成风力发电机的疲劳负载非常高；风力发电机暴露于风场室外，运行环境十分恶劣，有沙尘、酸雨、盐雾、雷电、大雪、台风等众多不利因素；风力发电机的可维护性差，风场偏僻，风力发电机机舱位于几十米高空。由于螺栓连接的可靠性直接关系到风力发电机组的稳定性，所以对风力发电机组螺栓连接提出了更高的要求，即在正常连续工作情况下，风力发电机用紧固件必须保证风力发电机组 20 年的

使用寿命。

（1）风力发电机组螺栓连接类型　螺栓连接的基本类型有螺栓连接、双头螺柱连接、螺钉连接和紧定螺钉连接四种。螺栓连接、双头螺柱连接、螺钉连接在风力发电机组的设计中普遍使用。且连接多为受拉螺栓（普通螺栓），受剪螺栓很少使用。安装时，用液压力矩扳手施加一定的预紧力，以增强连接的紧密性和可靠性。正确选择螺栓连接的类型，一方面要考虑装配、维护操作的工艺性，要满足工具使用操作空间及人机功能要求；另一方面，要考虑紧固件的材料成本和加工成本。

例如风力发电机组齿轮箱扭力臂固定块的安装处，紧固件一端旋入机体螺纹不通孔，且对拧紧精度要求较高时，可选用螺钉连接和双头螺柱连接两种连接形式。若仅考虑紧固件成本，螺钉连接要比双头螺柱连接有优势。但使用双头螺柱连接形式时，先将双头螺柱旋入机体，起固定块安装时的导向作用，拧紧时的螺纹牙磨损发生在螺母与螺柱之间，发生磨损时更换螺母或螺柱即可，不对机体内螺纹产生磨损；而采用螺钉连接时，拧紧的螺纹牙磨损发生在螺钉与机体内螺纹之间，机体内螺纹磨损后只能修复，不易更换。因此，此处连接推荐采用螺柱连接。

（2）改善螺栓受力　不论是在静荷载连接还是在动荷载连接中，减小螺栓刚度均可改善螺栓的受力情况。减小螺栓刚度的方法有增大螺栓的长度、减小部分螺杆直径或做成中空的柔性螺栓。在风力发电机组的螺栓连接设计中，常用增大螺栓长度的方法来减小螺栓刚度。

例如主机架与发电机支架连接处采用双头螺柱连接，双头螺柱一端拧入主机架中起连接固定发电机支架的作用，通过使用螺栓套增加了螺柱的长度，并可以改善螺栓受力。但在变桨轴承与轮毂连接处没有采用螺栓套的方法增加螺栓长度，而是采用螺纹沉孔形式增加螺柱长度来改善螺柱的受力。

（3）螺栓连接防松方法　在风力发电机组中，常采用自由旋转型、有效力矩型、粘接型等防松方法。自由旋转型防松中常用弹簧垫圈、六角法兰面螺栓、六角法兰面螺母等防松元件。有效力矩型防松常用非金属嵌件螺母。粘接型防松常使用厌氧锁固胶，选用时应注意胶的适用温度范围、是否可拆卸等因素。

风力发电机组运行环境的恶劣性、制造安装的特殊性和维护成本的昂贵性对螺栓连接提出了极高的要求。根据风力发电机组的运行特点对螺栓连接设计进行了探讨，从多个角度讨论了风力发电机组高强螺栓连接设计时需要注意的问题，对风力发电机组的设计有一定的借鉴和启发意义。

2. 发动机曲轴法兰—飞轮螺栓组连接

曲轴飞轮组（图 3-9）主要由曲轴、飞轮以及其他不同作用的零件和附件组成。其零件和附件的种类和数量取决于发动机的结构和性能要求。曲轴飞轮组的作用是把活塞的往复运动转变为曲轴的旋转运动，为汽车的行驶和其他需要动力的机构输出转矩。同时还储存能量，用于克服非做功行程的阻力，使发动机运转平稳。

在发动机动力输出过程中，"曲轴—飞轮"组件起着十分重要的作用，具体来说是通过曲轴法兰与飞轮之间的均布螺栓组连接传递转矩的方式来完成的。通过增加螺栓组中螺栓的数量和加大螺栓尺寸，可以进一步提升转矩的传递能力。

螺栓在承受工作载荷之前已预先受到预紧力的作用。一般来说，预紧的目的在于增强连接的可靠性和紧密性。正是依靠预紧后在曲轴法兰与飞轮接合面间形成的摩擦力，进而由摩擦力产生的摩擦力矩来抵抗必须承受的转矩。

大批量生产情况下难免会出现一些由各种原因引起的质量问题，承担动力传递任务的螺栓组连接结构也不

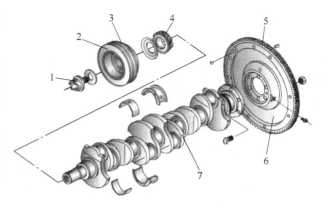

图 3-9　曲柄飞轮组
1—起动爪　2—扭转减震器　3—带轮　4—正时齿轮　5—齿圈　6—飞轮　7—曲轴

例外。而缺陷的原因可能是紧固件自身的问题，如热处理、材质、制造精度等，也可能是因被连接体的加工工艺不当造成的。下面对个别螺栓连接由于某种原因引起的失效进而对整个螺栓组传递转矩的功能带来的影响进行分析，并作出风险评估。

（1）个体失效情况下螺栓组形心的变化　鉴于曲轴法兰—飞轮组件中每个螺栓所受到的切向力与螺栓中心到螺栓组总的螺栓截面形心的垂直距离成正比，而且切向力的方向与其到形心的连线相互垂直，若每个螺栓连接都处于正常状态，总的螺栓截面形心正好与飞轮—曲轴法兰组件的中心重合，故每个螺栓连接承受的切向力相等。一旦由于某种原因螺栓组连接中的某个个体局部失效甚至完全丧失连接功能时，总的螺栓组截面形心就将不再与曲轴法兰—飞轮组合的中心重合，致使每个螺栓连接个体的实际受力因其与形心的垂直距离不同而异。

计算静矩时的螺栓截面积必须是尚能有效运作的承载螺栓，若完全失效，则截面积应取为 0；若是局部失效，就可以用一有效系数 k（$k < 1$）来表述，衡量失效的程度可以用系数 k 的大小来表示。螺栓组连接动力的传递是通过其切向摩擦力来实现的，对于每一个尚能正常承载这一功能的螺栓连接个体来讲，最起码的要求就是实际预紧力的数值不能低于某一水平。一般情况下，螺栓连接的安全系数取决于产品研制开发、设计时的综合考虑，通常取值范围在 1.5 ~ 2.0 之间，这就意味着当有效系数 $k \leqslant 0.5$ 时，任一个体螺栓连接都是不可靠的。

（2）螺栓组连接中个体失效对运作可靠性的影响　例如在小排量发动机的曲轴法兰—飞轮螺栓组连接中，当其中一个个体螺栓连接存在失效情况时，由此给产品带来的风险和隐患会随着该个体螺栓连接有效系数 k 的减小而增大，当 $k = 0$ 时处于最大完全失效状态。因而，一旦出现其中一个螺栓个体完全失效，即在产品设计安全系数较低的情况下，会存在较大的风险和隐患，此时应该从制造过程中找出问题发生的根源，及时排除。

实验报告三

实验名称：_____ 实验日期：_____

班级：_____ 姓名：_____

学号：_____ 同组实验者：_____

实验成绩：_____ 指导教师：_____

（一）实验目的

（二）实验设备

（三）实验结果

螺栓号	1		2		3		4		5	
数据	ε_1	F_1	ε_2	F_2	ε_3	F_3	ε_4	F_4	ε_5	F_5
预紧后										
加载后										
工作载荷										

螺栓号	6		7		8		9		10	
数据	ε_6	F_6	ε_7	F_7	ε_8	F_8	ε_9	F_9	ε_{10}	F_{10}
预紧后										
加载后										
工作载荷										

理论计算：

螺栓号	1	2	3	4	5	6	7	8	9	10
数据	F_1	F_2	F_3	F_4	F_5	F_6	F_7	F_8	F_9	F_{10}
预紧后										
加载后										
工作载荷										
最大受力	$F_{max} =$									

（四）螺栓组连接工作载荷图

实测加载后螺栓受力图	理论计算加载后螺栓受力图
实测工作载荷图	理论计算工作载荷图

（五）在图 **3-10** 中绘制螺栓受载后应变差的理论分布曲线和实测分布曲线，并确定翻转轴线的位置。

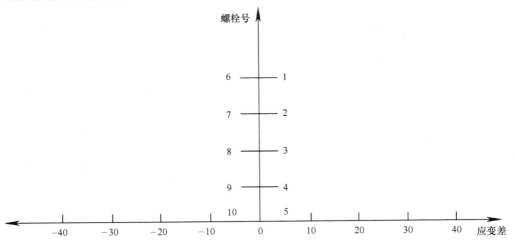

图 3-10　螺栓受载后应变差的理论分布曲线和实测分布曲线

（六）思考问答题

1. 螺栓组连接理论计算与实测的工作载荷间存在误差，导致误差的原因有哪些？

2. 实验台上螺栓组连接存在的失效形式有哪些？

3. 哪些措施可以提高螺栓组连接的强度？

4. 在倾覆力矩载荷作用下，各螺栓承受的载荷大小是否一样？它们之间有何关系？

5. 螺栓受载后，若翻转轴线的位置与接合面的对称中心不重合，说明什么问题？

（七）实验心得、建议和探索

第4章 带传动的滑动和效率测定实验

4.1 概述

带传动具有结构简单、传动平稳、传动距离大、造价低廉以及缓冲吸振等特点，在近代机械中被广泛应用。例如汽车、收录机、打印机等各种机械中都采用不同形式的带传动。由于一般的带传动是依靠带与带轮间的摩擦力来传递运动和动力的，而摩擦会产生静电，因此带传动不宜用于有大量粉尘的场合。

1. 受力分析

传动工作前，带应以一定的初拉力 F_0 张紧在两个带轮上（图4-1a），这样就保证了带运转时在带与带轮的接触面上产生正压力。带工作时的状态如图4-1b所示，主动轮以转速 n_1 转动时，由于带与带轮间的摩擦力作用，使带一边拉紧、一边放松。紧边拉力 F_1 和松边拉力 F_2 不等，两者之差 $F = F_1 - F_2$，即为带的有效拉力，它等于带沿带轮的接触弧上摩擦力的总和 F_f。在一定条件下，摩擦力有一极限值，如果工作载荷超过极限值，带就在轮面上打滑，传动不能正常工作而失效。初拉力 F_0 越大，带传动的传动能力越大。紧边拉力 F_1、松边拉力 F_2 和初拉力 F_0、有效拉力 F 有如下关系

$$F_1 = F_0 + F/2, \quad F_2 = F_0 - F/2$$

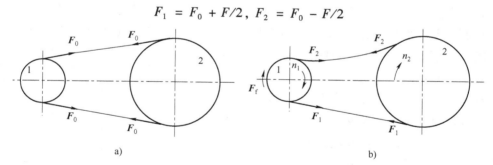

图4-1 带传动受力分析

a）不工作时 b）工作时

2. 运动分析

由于带是弹性体，受力不同时带的弹性变形不等。紧边拉力大，相应的伸长变形量也大。在主动轮上，当带从紧边转到松边时，拉力逐渐降低，带的弹性变形逐渐变小而回缩，因而带沿带轮的运动是一面绕进，一面向后收缩，带的运动滞后于主动轮。也就是说，带与主动轮之间产生了相对滑动。而在从动轮上，带从松边转到紧边时，带所受到的拉力逐渐增加，带的弹性变形量也随之增大，带微微向前伸长，带的运动超前于从动轮。带与从动轮间同样也发生相对滑动。这种由于带的弹性变形而引起的带与带轮之间的微量滑动，称为弹性滑动（图4-2）。因为带传动总存在紧边和松边，所以弹性滑动在带传动中是不可避免的，

是带传动正常工作时固有的特性。其结果是使从动轮的圆周速度低于主动轮的圆周速度，使传动比不准确。

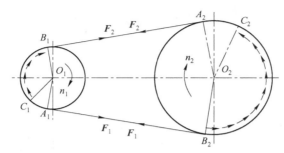

图 4-2　带传动的弹性滑动

带传动中弹性滑动的程度用滑动率 ε 表示，其表达式为

$$\varepsilon = \frac{v_1 - v_2}{v_1} = \left(1 - \frac{D_2 n_2}{D_1 n_1}\right) = \frac{n_1 - n_2}{n_1} \times 100\% \tag{4-1}$$

式中　　v_1、v_2——主动轮、从动轮的圆周速度（m/s）；

　　　　n_1、n_2——主动轮、从动轮的转速（r/min）；

　　　　D_1、D_2——主动轮、从动轮的直径（mm）。

带的弹性滑动并不是发生在相对于全部包角的接触弧上，只发生在带由主、从动轮上离开以前的那一部分接触弧上，称为滑动弧，如图 4-2 中的弧 $C_1 B_1$ 和 $C_2 B_2$。随着负载的增加，有效拉力的增大，滑动弧也不断增大，当增大到整个接触弧 $A_1 B_1$ 和 $A_2 B_2$ 时，带传动的有效拉力达到最大值，如果工作载荷再进一步增大，则带与带轮间就发生显著的相对滑动，称为打滑，从而使带的摩擦加剧，从动轮转速急剧降低，带传动失效。这种情况应当避免。

如图 4-3 所示，带传动的滑动率 ε（曲线1）随着带的有效拉力 F 的增大而增大，表示这种关系的曲线称为滑动曲线。当有效拉力 F 小于临界点 F' 点时，滑动率与有效拉力 F 成线性关系，带处于弹性滑动的正常工作状态；当有效拉力 F 超过临界点 F' 点以后，滑动率急剧上升，带处于弹性滑动与打滑同时存在的工作状态。当有效拉力等于 $F_{\max}$ 时，滑动率近于直线上升，带处于完全打滑的失效状态，应当避免。

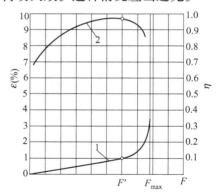

图 4-3　带传动的滑动曲线和效率曲线
1—滑动曲线　2—效率曲线

带传动工作时，由于弹性滑动的影响，造成带的摩擦发热与磨损，从而使传动效率降低。机械传动的工作效率 η 是输出功率 P_2 与输入功率 P_1 的比值，即

$\eta = P_2 / P_1$。图 4-3 中曲线 2 为带传动的效率曲线，即表示带传动效率 η 与有效拉力 F 之间关系的曲线。当初拉力和转速一定的情况下，随着有效拉力的增加，传动效率将逐渐提高，当有效拉力 F 超过临界点 F' 点以后，传动效率急剧下降。

带传动最合理的状态为有效拉力 F 等于或稍小于临界点 F'，这时带传动的效率最高，滑动率 $\varepsilon = 1\% \sim 2\%$，并且还有余力负担短时间（如起动时）的过载。

4.2　预习作业

1. 带传动的弹性滑动和打滑现象有何区别？产生的原因分别是什么？分别会造成什么后果？

2. 若要避免带传动打滑，可采取什么措施？

3. 分析在带传动中初拉力 F_0 对传动能力的影响。最佳初拉力的确定与什么因素有关？还有哪些因素影响带的传动能力？

4. 带传动的效率与哪些因素有关？为什么？

5. 当带轮直径 $D_1 = D_2$ 时，打滑发生在哪个带轮上？试分析其原因。

6. 带传动的弹性滑动与初拉力、有效拉力有何关系？

4.3　实验目的

1）了解实验台的结构及工作原理，掌握有关机械参数如转矩、转速等的测量手段并掌握其操作规程。

2）观察、分析带传动的弹性滑动和打滑现象，加深对带传动工作原理和设计准则的理解。

3）通过测定相关数据并绘制滑动曲线（ε—F 曲线）和效率曲线（η—F 曲线），深刻认识带传动特性、承载能力、效率及其影响因素。

4）分析弹性滑动、打滑与带传递的载荷之间的关系。

4.4　实验设备及工作原理

本实验设备是 PC-A 型带传动实验台。该实验台由主机和测量系统两大部分组成，如图 4-4 所示。

1. 主机

主机主要由两台直流电动机 5、8 组成，其中电动机 5 作为原动机，8 则作为负载的发电机，原动机由直流调速电路供给电枢以不同的端电压，可实现无级调速。主、从动轮分别装在电动机和发电机的转子轴上，实验用的平带 6 套在两带轮上。主动轮电动机 5 为特制两端带滚动轴承座的直流伺服电机，滚动轴承座固定在移动底板 1 上，可沿底板滑动，与牵引钢丝绳、定滑轮和砝码 2 一起组成带传动的张紧机构。通过改变砝码的质量，使钢丝绳拉动滑动底板，即可设定带传动的初拉力。

从动轮发电机 8 也为特制两端带滚动轴承座的直流伺服发电机，发电机外壳（定子）未固定，可相对其两端滚动轴承座转动，轴承座固定于机座上。

带传动的加载装置是在直流发电机的输出电路上并联了 8 个 40W 的灯泡作负载。开启灯泡，以改变发电机的负载电阻。即每按一下"加载"键，就并上一个负载电阻（减小了总电阻）。由于发电机的输出功率为 $P = V^2/R$，因此并联负载电阻后使得发电机负载增加，电枢电流增大，电磁转矩增大，即发电机的负载转矩的增大，实现了改变带传动输出转矩的作用，即带的受力增大，两边拉力差也增大，带的弹性滑动逐步增加。当带传递的载荷刚好达到所能传递的最大有效拉力（圆周力）时，带开始打滑，当负载继续增加时则完全打滑。

2. 测量系统

测量系统由光电测速装置 7 和发电机的测扭矩装置组成。

（1）转速 n 及滑动率 ε 的测定　在主动轮和从动轮的轴上分别安装一同步转盘，在转盘的同一半径上钻有一个小孔，在小孔一侧固定有光电传感器，并使传感器的测头正对小孔。带轮转动时，就可在数码管上直接读出主动带轮转速 n_1 和从动轮转速 n_2。已知带轮直径 $D_1 = D_2$，根据公式（4-1）可以得出滑动率 ε 的计算公式。

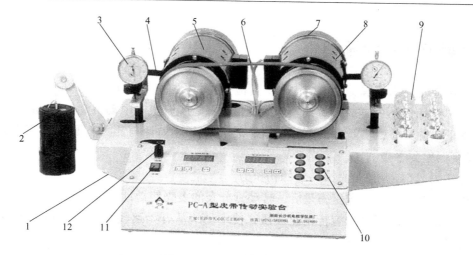

图 4-4　PC-A 型带传动实验台

1—电机移动底板　2—砝码　3—百分表　4—测力杆及测力装置　5—电动机及主动带轮　6—平带
7—光电测速装置　8—发电机及从动带轮　9—负载灯泡　10—负载按钮
11—电源开关　12—调速开关

（2）扭矩 T 及效率 η 的测定　　主动轮的扭矩 T_1 和从动轮的扭矩 T_2 均通过电动机外壳摆动力矩来测定。电动机和发电机的外壳支承在支座的滚动轴承中。并可绕与转子相重合的轴线摆动。当电动机起动和发电机加上负载后，由于定子磁场和转子磁场的相互作用，根据力矩平衡原理，电动机的外壳将向转子旋转的反方向扭转，发电机的外壳将向转子旋转的同方向扭转，它们的扭转力矩可以分别通过固定在定子外壳上的测力计测得。即

主动轮上的扭矩　　　　　　　　　　　　　$T_1 = Q_1 K_1 L_1$

从动轮上的扭矩　　　　　　　　　　　　　$T_2 = Q_2 K_2 L_2$

式中　　Q_1、Q_2——测力计百分表上的读数，N；

　　　　K_1、K_2——测力计标定值；

　　　　L_1、L_2——测力计的力臂，$L_1 = L_2 = 120\text{mm}$。

测得不同负载下主动轮的转速 n_1 和从动轮的转速 n_2 以及主动轮的转矩 T_1 和从动轮的转矩 T_2 后，带传动效率可由下式确定

$$\eta = \frac{P_2}{P_1} = \frac{T_2 n_2}{T_1 n_1} \times 100\% \tag{4-2}$$

式中　　P_1、P_2——带传动的输入、输出功率；

　　　　T_1、T_2——带传动的输入、输出转矩。

（3）绘制滑动率曲线和效率曲线　　带传动的有效拉力 F 可近似由下式计算

$$F = \frac{2T_1}{D_1} \tag{4-3}$$

随着负载的改变（开启灯泡），T_1、T_2、n_1、n_2 值也随之改变，这样可获得一系列 ε 和 η 值。以有效拉力 F 为横坐标，分别以不同载荷下的 ε 和 η 之值为纵坐标，就可画出带传动的滑动率曲线和效率曲线，如图 4-3 所示。

4.5　实验方法及步骤

1）开机前先仔细了解实验台结构，认真检查实验设备是否正常。

2）将"调速"旋钮逆时针旋到转速最低位置，避免开机时电动机突然起动。

3）按下电源开关，实验台的指示灯亮，检查一下测力计与测力杆是否处于平衡状态，若不平衡则调整到平衡。

4）加砝码 2.5kg，使带具有一定的初拉力。

5）当百分表指针有一定压缩量后，转动百分表的表壳使指针对零。

6）慢慢地沿顺时针方向旋转调速按钮，使电动机从开始运转逐渐加速到 1000～1200r/min，待运转平稳后，记录 n_1、n_2、Q_1、Q_2 一组数据。

7）打开一个灯泡（即加载），并再次记录一组 n_1、n_2、Q_1、Q_2 数据，注意此时 n_1 和 n_2 之间的差值，即观察带的弹性滑动现象。

8）继续逐渐增加负载（即每次打开一个 40W 的灯泡），每增加一次负载后，要调整主动轮转速，使其保持原来的值。重复第 4 步，直到 $\varepsilon \geqslant 3\%$ 左右，即带传动开始进入打滑区（$n_2 < n_1 100r$ 左右），把上述所得数据记在实验报告中的表内。若再打开灯泡，则 n_1 和 n_2 之差值迅速增大。

9）关上所有的灯泡，将调速旋钮逆时针旋到底，加砝码 3kg，重复步骤 3）～5），观察初拉力对带传动传动能力的影响以及滑动率 ε 和效率 η 的变化。

10）卸掉负载，停机，切断电源，整理仪器和现场。

11）根据计算的相关数据绘制 ε—F 滑动率曲线和 η—F 效率曲线，完成实验报告。

4.6　实验小结

1. 注意事项

1）在熟悉设备性能前，不要随意起动机器。

2）调节调速旋钮时，不要突然使速度增大或减小。

3）实验台为开式传动，实验人员必须注意安全。

4）在给仪器设备加电前，应先确认仪器设备处于初始状态。

2. 常见问题

1）开机后，若电动机突然起动，这时应检查电动机调速旋钮是否旋转到底，即置电动机转速为零的位置。

2）在实验过程中，若设备运转出现较大的冲击载荷，应检查机器是否是由低速到高速逐渐加载。

4.7　工程实践

带传动是一种常用的、成本较低的动力传动装置，具有运动平稳、清洁（无需润滑）运转、噪声低等特点，同时可以起到缓冲、减振、过载保护的作用，且维修方便。带传动最合理的状态应使有效拉力 F 等于或稍小于临界点的值，这时带传动的效率最高，滑动率 ε 为 1% ~ 2%，并且还有余力负担短时间（如起动时）的过载。

弹性滑动是带在正常工作状态下发生的一种带和带轮之间的局部滑动，只要存在传递功率，就不可避免地会产生弹性滑动。弹性滑动并不影响正常工作。当工作载荷进一步加大时，弹性滑动的发生区域将扩大到整个接触弧，此时就会发生打滑现象。打滑属于带传动失效形式之一，必须避免。

随着工业技术水平的提高及机械设备不断向高精度、高速、高效、低噪声、低振动方向发展，带传动的应用范围会越来越广，因此对避免打滑及尽可能提高带传动的效率分析具有重要的现实意义。

1. 游梁式抽油机带传动效率分析

游梁式抽油机（图 4-5）系指含有游梁，通过连杆机构换向、曲柄重块平衡的抽油机。从采油方式上可分为两类，即有杆类采油设备和无杆类采油设备。游梁式抽油机具有性能可靠、结构简单、操作维修方便等特点。

a)　　　　　　　　　　　　　　　　　　b)

图 4-5　游梁式抽油机

游梁式抽油机是油田目前主要使用的抽油机类型之一，主要由驴头、游梁、连杆、曲柄机构、减速箱、动力设备和辅助装备等部分组成。工作时，电动机的传动经变速箱、曲柄连杆机构变成驴头的上下运动，驴头经光杆、抽油杆带动井下抽油泵的柱塞作上下运动，从而不断地把井中的原油抽出井筒。

传动带是游梁式抽油机的重要组成部分之一，它与齿轮减速器一起构成抽油机的减速传动装置，以实现从电动机到曲柄轴的动力传递和减速。抽油机中使用的传动带以普通 V 带和窄 V 带为主，其工作原理是靠带与带轮之间的摩擦进行运动和动力传递。带传动效率作为抽油机井参数计算中一个重要的中间变量，在抽油机井设计和计算中通常作为常数处理。但实际上，由于抽油机承受交变载荷，传动带的瞬时效率不断变化，而且能量传递方向在局部工作时间内还可能发生改变。所有这些，将影响抽油机其他参数的计算和分析。

传动带工作时的功率损失有两种：一种是与载荷无关的量，如带绕轮的弯曲损失、进入与退出轮槽的摩擦损失以及风阻损失等；另一种是与载荷有关的量，如弹性滑动损失以及带与轮槽间径向滑动损失等。其中，以弯曲功率损失和弹性滑动功率损失为主。

带传动的工作效率在大部分时间内较高；但在局部范围内，尤其是转矩接近于零的位置，效率极低。原因主要在于带的工作效率与曲柄轴转矩和电动机转矩的变化规律有关。而影响曲柄轴转矩和电动机转矩变化规律的因素主要是抽油机的负载和平衡状况，局部范围内，带的有效载荷过低，有效圆周力相对较小，因而效率极低。此外，带的松紧程度和摩擦因数对带传动效率影响也较大。

2. 带输送机传动轮打滑的预防

带输送机是以摩擦连续驱动运输物料的一种机械装备。主要由机架、输送带、托辊、滚筒、张紧装置、传动装置等组成。它可以将物料放在一定的输送线上，从最初的供料点到最终的卸料点间形成一种物料的输送流程。可以进行碎散物料的输送，也可以进行成件物品的输送。除进行纯粹的物料输送外，还可以与生产流程中工艺过程的要求相配合，形成有节奏的流水作业运输线。带输送机广泛应用于冶金、煤炭、交通、建材、水电、化工等部门，具有输送量大、结构简单、维修方便、成本低、通用性强等优点。

以应用于钢厂的带输送机为例，若高炉分布较为分散，带输送原料、燃料到高炉矿道槽的转运站多，带的数量多，经常会出现带传动轮打滑的现象。带传动轮打滑的主要原因是原料、燃料源头料流控制不均匀，另外，由于原料、燃料的露天存放造成原料、燃料带水输送，降低了带轮与带的摩擦因数，也会造成带传动经常打滑，而带输送机电气联锁不能检测带轮打滑而停机，最终导致转运点堵料故障时有发生。

为排除此故障，一方面调整带张紧装置以增加带轮与带的摩擦因数，另一方面在带尾轮增设尾轮传动电控检测装置，因为带尾轮为被动轮，它靠带牵引而转动，如带轮打滑，则带无动作，同样尾轮也不转，若检测到带尾轮不转动，则输出信号给该传动带断开控制回路，使该带停机，避免后面的带继续运转送料导致堵料事故的发生。

利用带尾轮检测保护带轮打滑，投资小，电控回路修改容易，运行可靠，效果明显。杜绝了因皮轮打滑而堵料事故的发生，极大地减轻了工人清理堵料的劳动强度。该检测保护电路可推广应用到矿井带输送机、斗提机、大倾角传送带机等场合。

实验报告四

实验名称：＿＿＿＿＿＿＿＿＿＿　　　　实验日期：＿＿＿＿＿＿＿＿＿＿

班级：＿＿＿＿＿＿＿＿＿＿＿＿　　　　姓名：＿＿＿＿＿＿＿＿＿＿＿＿

学号：＿＿＿＿＿＿＿＿＿＿＿＿　　　　同组实验者：＿＿＿＿＿＿＿＿＿

实验成绩：＿＿＿＿＿＿＿＿＿＿　　　　指导教师：＿＿＿＿＿＿＿＿＿＿

（一）实验目的

（二）实验设备

（三）实验参数

1. 带轮直径，$D_1 = D_2 = $ ＿＿＿＿＿＿ mm。

2. 测力杆长度，$L_1 = L_2 = $ ＿＿＿＿＿＿ mm。

3. 测力计标定值，$K_1 = K_2 = $ ＿＿＿＿＿＿ N/格。

4. 初拉力（预紧力），$F_0 = $ ＿＿＿＿＿＿ N。

（四）实验结果

参数 序号	$n_1/$ (r/min)	$n_2/$ (r/min)	Q_1 /N	Q_2 /N	T_1 /(N·mm)	T_2 /(N·mm)	ε /(%)	η /(%)	F /N
空载									
加载1									
加载2									
加载3									
加载4									
加载5									
加载6									
加载7									
加载8									

（五）在图4-6中绘制滑动率曲线 ε—F 和效率曲线 η—F。

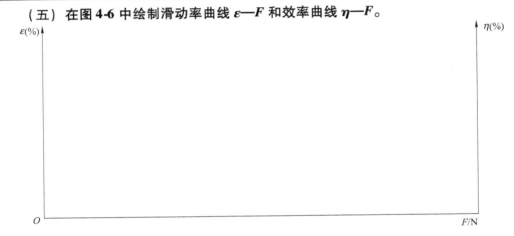

图4-6　ε—F 和 η—F 曲线

（六）思考问答题

1. 带与主动轮间的滑动方向和带与从动轮间的滑动方向有何区别？为什么会出现这种现象？

2. 在实验中，应怎样观察弹性滑动和打滑这两种现象的出现？如何判断和区分它们？

3. 对你所绘制的 ε—F 滑动率曲线进行认真分析，说明带传动的滑动率与哪些因素有关。为什么？

4. 对你所绘制的 η—F 效率曲线进行认真分析，说明带传动效率与有效拉力的关系。

5. 若改变实验条件（如初拉力、包角、带速等）时，滑动率和效率曲线变化如何？

6. 综合分析 ε—F 滑动率曲线和 η—F 效率曲线，说明打滑、弹性滑动与效率的关系。

7. 除初拉力外，利用本实验装置还可探求哪些因素影响带的传动能力？

（七）实验心得、建议和探索

第 5 章 滑动轴承特性分析实验

5.1 概述

由于液体动压滑动轴承摩擦损失小、抗冲击载荷能力强，大量用于水电站、火电站等大型机电设备的主轴系统中，是目前高转速、重载荷主轴系统设计中广泛采用的设计方案。

液体动压滑动轴承是利用轴颈与轴承的相对运动，将润滑油带入楔形间隙形成动压油膜，并靠油膜的动压平衡外载荷。由于轴颈与轴承孔间必须留有一定的间隙，当轴颈静止时，在载荷作用下，轴颈在轴承孔中处于最低位置，并与轴瓦接触，此时两表面间自然形成一收敛的楔形空间（图 5-1a）。

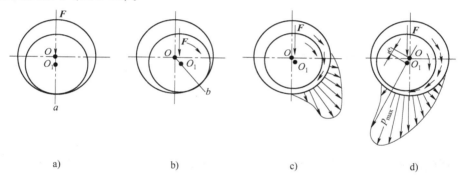

a)   b)   c)   d)

图 5-1 动压油膜形成过程

当轴颈开始转动时（图 5-1b），速度极低，带入轴承间隙中的油量较少，这时轴瓦对轴颈摩擦力的方向与轴颈表面的圆周速度方向相反，迫使轴颈在摩擦力的作用下沿轴承内壁向右滚动而偏移爬升，同时由于油的粘性将油带入楔形间隙。随着轴颈转速的提高，被轴颈"泵"入间隙的油量随之增多，油膜中的压力逐渐形成。当轴颈达到足够高的转速时，润滑油在楔形间隙内形成流体动压效应，轴颈与轴承被油膜完全隔开（图 5-1c），短时间内会存在因油膜内各点压力的合力向左上方推动轴颈分力的情况。但随着轴颈表面的圆周速度增大，带入楔形空间的油量也逐渐增加，右侧楔形油膜产生了一定的动压力，推动轴颈向左浮起。最后，当达到稳定运转时，轴颈则处于图 5-1d 所示的位置。此时油膜内各点的压力，其垂直方向的合力与载荷 F 平衡，其水平方向的压力，左右自行抵消。于是轴颈就稳定在此平衡位置上旋转。由于轴承内的摩擦阻力仅为液体的内阻力，故摩擦因数达到最小值。

动压轴承的承载能力与轴颈的转速、润滑油的粘度、轴承的长径比、楔形间隙尺寸等有关，为获得液体摩擦必须保证一定的油膜厚度，而油膜厚度又受到轴颈和轴承孔表面粗糙度、轴的刚性及轴承、轴颈的几何形状误差等条件限制。

本实验是利用 HS-B 液体动压轴承实验台来观察滑动轴承的结构及油膜形成的过程，测量其径向油膜压力分布，并绘制出摩擦特性曲线、径向油膜压力分布曲线和测定其承载量。

5.2　预习作业

1. 哪些因素影响液体动压滑动轴承的承载能力及油膜的形成？形成动压油膜的必要条件是什么？

2. 滑动轴承与滚动轴承相比有哪些独特优点？为什么？

3. 径向滑动轴承的轴颈与轴承孔间的摩擦状态为哪种？

4. 常用的轴瓦材料有哪些？轴瓦材料除满足摩擦因数小、磨损少外，还应满足什么要求？

5. 液体动压润滑滑动轴承的特性与哪些因素有关？

5.3　实验目的

1）观察、分析滑动轴承在起动过程中的摩擦现象及润滑状态，加深对形成流体动压条件的理解。

2）观察径向滑动轴承液体动压润滑油膜的形成过程和现象。

3）观察当载荷和转速改变时油膜压力的变化情况。

4）观察径向滑动轴承油膜的轴向压力分布情况。

5）测定和绘制径向滑动轴承径向油膜压力分布曲线。

6）了解径向滑动轴承的摩擦因数 f 的测量方法，绘制 f—λ 摩擦特性曲线，并分析影响摩擦因数的因素。

5.4　实验设备及工作原理

实验设备主要由计算机和 HS-B 液体动压轴承实验台（图 5-2）组成。

1. 实验台结构特点

（1）传动装置　该实验台主轴 10 由两个高度精密的单列深沟球轴承支承。直流电动机 2 通过 V 带 3 驱动主轴 10 沿顺时针（面对实验台面板）方向转动，其上装有精密加工制造的主轴瓦 11，由装在底座里的调速器实现主轴的无级变速，轴的转速由装在操纵面板 1 上的数码管直接读出。

实验中如需拆下主轴瓦观察，则要按下列步骤进行：

1）旋出负载传感器接头。

2）用内六角扳手将传感器支承板 9 上的两个内六角螺钉拆下，拿出传感支承板即可将主轴瓦卸下。

（2）轴与轴瓦间的油膜压力测量

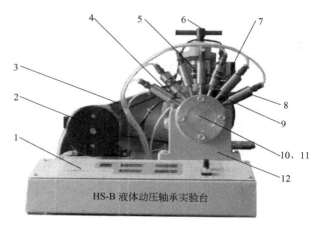

图 5-2　HS-B 液体动压轴承实验台

1—操纵面板　2—电动机　3—V 带　4—轴向油压传感器
5—外加载荷传感器　6—螺旋加载杆　7—摩擦传感器
测力装置　8—径向油压传感器　9—传感器支承板
10—主轴　11—主轴瓦　12—主轴箱

装置　主轴的材料为 45 钢，经表面淬火、磨光，由滚动轴承支承在箱体 12 上，主轴的下半部浸泡在润滑油中，当主轴转动时可以把油带入主轴与轴承的间隙中形成油膜。本实验台采用的润滑油牌号为 N68，该油在 20℃时的动力粘度为 0.34Pa·s。在主轴瓦 11 的一径向平面内，沿圆周方向钻有 7 个小孔，每个小孔沿圆周相隔 20°，每个小孔连接一个压力传感器，用来测量该径向平面内相应点的油膜压力，由此可绘制出径向油膜压力分布曲线。沿主轴瓦的一个轴向剖面上装有两个压力传感器（即压力传感器 4 和 8），用来观察有限长滑动轴承沿轴的油膜压力情况。

（3）加载装置　油膜的压力分布曲线是在一定的载荷和一定的转速下绘制的。当载荷改变或主轴转速改变时所测量出的压力值是不同的，所绘出的压力分布曲线的形状也是不同的。本实验台采用螺旋加载，转动螺旋加载杆 6 即可对轴瓦加载，加载大小由外加载荷传感器 5 传出，由面板上的数码管显示。这种加载方式的主要优点是结构简单、可靠、使用方便、载荷的大小可任意调节。但在起动电动机之前，一定要使滑动轴承处在零载荷状态，以免烧坏轴瓦。

（4）摩擦因数 f 的测量装置　主轴瓦上装有测力杆，通过测力计装置可由摩擦力传感器测力装置 7 读出摩擦力值，并在面板的相应数码管上显示。径向滑动轴承的摩擦因数 f 随轴承的特性系数 $\lambda = \eta n/p$ 值的改变而变化，如图 5-3 所示。在边界摩擦时，f 随 λ 的增大而变化很小；进入混合摩擦后，λ 的改变引起 f 的急剧变化。A 点是轴承由非液体摩擦向液体摩擦转变的临界点，此点的摩擦因数 f 达到最小值，此后，随 λ 的增大油膜厚度亦随之增大，因而 f 亦有所增大。

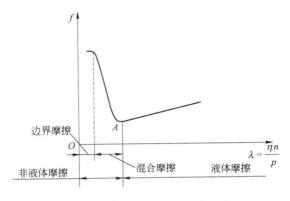

图 5-3　滑动轴承 f—λ 特性曲线

摩擦因数 f 之值可通过公式得到

$$f = (\pi 2\eta n/30\psi p) + 0.55\psi\xi$$

式中　η——润滑油的动力粘度（Pa·s）；

ψ——相对间隙；

ξ——随轴承长径比而变化的系数。当 $L/d < 1$ 时，取 1.5；当 $L/d \geq 1$ 时，取 1；

n——轴的转速（r/min）；

p——轴承比压，$p = W/Bd$（N/mm²）；W，轴上所受总载荷，$W =$ 轴瓦自重 + 外加载荷，本机轴瓦自重为 40N；B，轴瓦有效工作长度（mm）；d，轴颈直径（mm）。

（5）摩擦状态指示装置　当主轴未转动时，轴与轴瓦是接触的，可以看到灯泡很亮；当主轴在很低的转速下慢慢转动时，会将润滑油带入轴和轴瓦之间的收敛性间隙内，但由于此时的油膜很薄，轴与轴瓦之间部分微观不平度的凸峰处仍在接触，故灯泡忽亮忽暗；当轴的转速达到一定值时，轴与轴瓦之间形成的压力油膜厚度完全遮盖两表面之间微观不平度的凸峰高度，油膜完全将轴与轴瓦隔开，灯泡则不亮。

2. 实验台主要技术参数

1）实验轴瓦：内径 $D = 70$mm，有效长度 $B = 110$mm，表面粗糙度值 $Ra = 3.2\mu$m，材料 ZQSn6-6-3。

2）加载范围：0 ~ 1000N（0 ~ 100kg）。

3）载荷传感器：精度 0.1%，量程：0 ~ 120kg。

4）摩擦力传感器：精度 0.1%，量程：0 ~ 5kg。

5）油膜压力传感器：精度 0.01%，量程：0 ~ 0.6MPa。

6）测力杆上的测力点与轴承中心距离：$L = 125$mm。

7）测力计标定值 $K = 0.098$N/Δ，N/格；Δ—百分表读数，格。

8）直流伺服电动机：电动机功率 355W，电机转速 $n = 1500$r/min。

9）主轴调速范围：3 ~ 500r/min。

10）实验台质量：52kg。

3. 实验台操纵面板

实验台操纵面板布置，如图 5-4 所示。

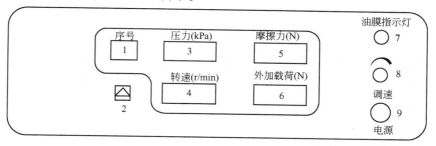

图 5-4　实验台操纵面板布置

数码管 1：显示径向、轴向传感器顺序号，1～7 号为 7 只径向传感器序号，8 号为轴向传感器序号。

数码管 3：显示径向、轴向油膜压力传感器采集的实时数据。

数码管 4：显示主轴转速传感器采集的实时数据。

数码管 5：显示摩擦力传感器采集的实时数据。

数码管 6：显示外加载荷传感器采集的实时数据。

油膜指示灯 7：用于指示轴瓦与轴颈间的油膜状态。

调速旋钮 8：用于调整主轴转速。

电源开关 9：此按钮为带自锁的电源按钮。

序号显示按钮 2：按此键可显示 1～8 号油压传感器顺序号和相应的油压传感器采集的实时数据。

4. 电气控制系统

（1）系统组成　该实验台电气测量控制系统主要由三部分组成。

1）电动机调速部分。该部分采用专用的，由脉宽调制（PWM）原理设计的直流电动机调速电源，通过调节面板上的调速旋钮实现对电动机的调速。

2）直流电源及传感器放大电路部分。该电路板由直流电源及传感器放大电路组成，直流电源主要向显示控制板和 10 组传感器放大电路（将 10 个传感器的测量信号放大到规定幅度，供显示控制板采样测量）供电。

3）显示测量控制部分。该部分由单片机、A-D 转换和 RS-232 接口组成。单片机负责转速测量和 10 路传感器信号采样，经采集的参数传输到面板进行显示。另外各采集的信号经 RS-232 接口传输到上位机（计算机）进行数据处理。不同的油膜压力信号可通过面板上的触摸按钮选择。该功能可脱机（不需计算机）运行，手工对各采集的信号进行处理。

仪器工作时，如果轴瓦和轴颈之间无油膜，很可能会烧坏轴瓦，为此人为设计了轴瓦保护电路。若无油膜，油膜指示灯亮；正常工作时，油膜指示灯灭。

仪器的负载调节控制由三部分组成：一部分为负载传感器，另一部分为电源和负载信号放大电路，第三部分为负载 A-D 转换及显示电路。传感器为柱式传感器，在轴向布置了两个应变片来测量负载。负载信号通过测量电路转换为与之成比例的电压信号，然后通过线性放大器使峰值达到 1V 以上。最后该信号送至 A-D 转换器及显示电路，并在面板上直接显示负载值。

（2）技术参数

1）直流电动机功率：355W。

2）测速部分，①测速范围：1～375r/min；②测速精度：±1r/min；

3）工作条件，①环境温度：－10～＋50℃；②相对湿度：≤80%；③电源：AC 220±10%V，50Hz；④工作场所：无强烈电磁干扰和腐蚀气体。

5.5　软件界面操作说明

1. 滑动轴承实验教学界面

在初始界面上非文字区单击左键，即可进入滑动轴承实验教学界面，如图 5-5 所示。

图 5-5　滑动轴承实验教学界面

滑动轴承实验教学界面中各按钮功能如下。

"实验指导"：单击此按钮，进入实验指导书界面。

"油膜压力分析"：单击此按钮，进入油膜压力仿真与测试分析实验界面。

"摩擦特性分析"：单击此按钮，进入摩擦特性连续实验界面。

"实验台参数设置"：单击此按钮，进入实验台参数设置界面。

"退出"：单击此按钮，结束程序的运行，返回 Windows 界面。

2. 油膜压力仿真与测试分析界面

滑动轴承油膜压力仿真与测试分析界面如图 5-6 所示。

各按钮功能介绍如下：

"稳定测试"：单击此按钮，进入稳定测试。

"历史文档"：单击此按钮，进行历史文档再现。

"打印"：单击此按钮，打印油膜压力的实测与仿真曲线。

"手动测试"：单击此按钮，进入油膜压力手动分析实验界面。

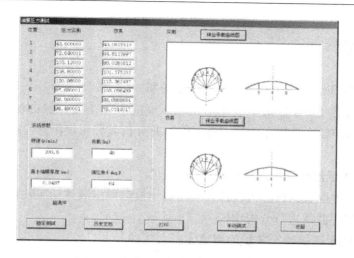

图 5-6　油膜压力仿真与测试分析界面

"返回主界面"：单击此按钮，返回滑动轴承实验教学界面。

3. 摩擦特征仿真与测试分析界面

滑动轴承摩擦特征仿真与测试分析界面如图 5-7 所示。

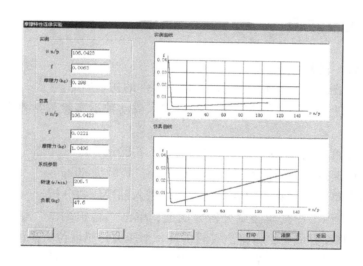

图 5-7　摩擦特征仿真与测试分析界面

各按钮功能如下：

"稳定测试"：单击此按钮，开始稳定测试。

"历史文档"：单击此按钮，进入历史文档再现。

"手动测试"：单击此按钮，输入各参数值，即可进行摩擦特性的手动测试。

"打印"：单击此按钮，打印摩擦特性连续实验的实测与仿真曲线。

"返回"：单击此按钮，返回滑动轴承实验教学界面。

5.6　实验内容

1. 液体动压轴承油膜压力周向分布的测试分析

通过压力传感器，A-D 板采集液体动压轴承周向上 8 个点位置的油膜压力，输入计算机，通过拟合作出该轴承油膜压力周向分布图。并分析其分布规律，了解影响油膜压力分布的因素。

2. 液体动压轴承油膜压力周向分布的仿真分析

通过本实验装置配置的计算机软件，利用数学模型作出液体动压轴承油膜压力周向分布的仿真曲线，与实测曲线进行分析比较。

3. 液体动压轴承摩擦特征曲线的测定

通过压力传感器、A-D 板采集来转换轴承的摩擦力矩，将轴承的工作载荷输入计算机，得出摩擦因数特征曲线，了解影响摩擦因数的因素。

4. 液体动压轴承运动模拟

通过建模，完成轴承在不同载荷作用下轴承偏心变化的运动模拟。

5.7　实验方法及步骤

1）检查实验台，使各个机件处于完好状态。

2）双击桌面上图标（滑动轴承实验），进入软件的初始界面。

3）在初始界面的非文字区单击左键，即可进入滑动轴承实验教学界面，以下简称主界面。

4）在主界面上单击"实验指导"按钮，进入本实验指导。

5）均匀旋动调速按钮，使转速保持在 300r/min，负载为 80kg。

6）在主界面上单击"油膜压力分析"按钮，进入油膜压力分析。

在滑动轴承油膜压力仿真与测试分析界面上，单击"稳定测试"按钮，稳定采集滑动轴承各测试数据。测试完成后，将得出实测仿真 8 个压力传感器位置点的压力值。实测与仿真曲线自动绘出，同时弹出"另存为"对话框，提示保存（存档前一定要建立相应的文件夹，方便管理文档）。

再以不同的转速（≤300r/min）和载荷（≤100N）重新测量一遍，记录、比较数据。

7）在主界面上单击"摩擦特性分析"按钮，进入摩擦特性分析。

在做滑动轴承摩擦特征仿真与测试实验时，均匀旋动调速按钮，使转速在 3～300r/min 变化，测定滑动轴承所受的摩擦力矩。

在滑动轴承摩擦特征仿真与测试分析界面上，单击"稳定测试"按钮，稳定采集滑动轴承各测试数据。一次完成后，在实测图中绘出一点。依次测试转速 3～300r/min，负载为 70kg 时的摩擦特性（最少 10 点）。全部测试完成后，单击"稳定测试"按钮旁的"结束"按钮，即可绘制滑动轴承摩擦特征实测仿真曲线图。

如需再做实验，只需单击"清屏"按钮，把实测与仿真曲线清除，即可进行下一组实验。

单击"历史文档"按钮，弹出打开对话框，依次选择保存的文档后，单击"结束"，将历史记录的滑动轴承摩擦特性的仿真曲线图和实测曲线图显示出来。

8）若实验结束，单击主界面上的"退出"按钮，返回 Windows 界面。

5.8　实验小结

1. 注意事项

1）使用的全损耗系统用油必须过滤才能使用，使用过程中严禁灰尘和金属屑混入油内。

2）实验前及实验后要将调速旋钮旋到最低（转速为零），加载螺旋杆旋至与外加载荷传感器脱离接触。

3）旋转调速按钮，使电动机以 100～200r/min 运行 10min（此时油膜指示灯应熄灭），再按实验步骤操作。

4）外加载荷传感器所加负载不允许超过 120kg，以免损坏元器件。

5）为防止主轴瓦在无油膜运转时烧坏，在面板上装有无油膜报警指示灯，正常工作时指示灯是熄灭的，严禁在指示灯亮时主轴高速运转。

6）做摩擦特征曲线测定实验时，当载荷超过 80kg 和转速小于 10r/min 时建议终止实验，否则会影响设备的使用寿命。

7）全损耗系统用油牌号的选择可根据具体环境和温度进行选择。

2. 常见问题

（1）若实际测得的实验数据不太准确，应考虑如下影响因素包括实验用油是否足量、清洁，实验前是否将调速按钮置"零"，是否先起动电动机再加载等。

（2）在做摩擦因数测定实验时，若油压表的压力不回零，这时需人为把轴瓦抬起，使油流出。

5.9　工程实践

滑动轴承是旋转机械重要的组成部件之一，具有回转精度高、寿命长、摩擦阻力低、耐冲击和低噪声等优点，广泛应用在高速、高精度以及重载和大转矩的场合，所以经常发生磨损、粘着等失效形式。滑动轴承的安全及稳定性将直接影响整台设备的工作性能。加强对滑动轴承的压力分布特点以及动态特性的研究，对提高滑动轴承的性能、减少轴承失效具有重要作用。

滑动轴承的油膜压力分布是最基本的参数之一。了解滑动轴承的油膜压力分布规律及其影响因素，有助于更好地认识滑动轴承的工作机理及油膜的形成与破裂规律，对正确设计和使用滑动轴承是十分重要的。

滑动轴承的摩擦状态是处于边界摩擦、混合摩擦还是液体摩擦，与运动副的工作条件密切相关，处于不同摩擦状态时滑动轴承的摩擦特性也不同。滑动轴承的摩擦因数是设计滑动轴承的另一个重要参数，它的数值与变化规律直接影响轴承的摩擦和润滑状态、轴承的温升及机器节能降耗等。摩擦因数的影响因素主要包括润滑油的特性、轴的转速、轴承宽度、轴承直径、轴承间隙和载荷等。

1. 挖掘机曲臂关节滑动轴承

挖掘机（图5-8）是一种土石方施工中不可缺少的多用途高效率机械设备，主要进行土石方挖掘、装载，还可进行土地平整、修坡、吊装、破碎、拆迁、开沟等作业，在公路、铁路等道路施工、桥梁建设、城市建设、机场港口及水利施工中得到了广泛应用。近几年挖掘机的发展相对较快，已成为工程建设中最主要的工程机械之一。

a)　　　　　　　　　　　　　　　　　　b)

图 5-8　挖掘机

根据构造和用途不同，挖掘机可分为：履带式、轮胎式、步履式、全液压、半液压、全回转、非全回转、通用型、专用型、铰接式、伸缩臂式等多种类型。常见的挖掘机结构包括动力装置、工作装置、回转机构、操纵机构、传动机构、行走机构和辅助设施等。

挖掘机铲斗曲臂关节作为挖掘机的直接执行部件，所承受的载荷状况特别复杂，主要因为挖掘机曲臂关节部分处于开式环境下，同时挖掘工况复杂多变，铲斗曲臂关节处采用传统的滑动轴承往往无法建立足够的油膜厚度以实现流体润滑，处于边界润滑状态。滑动轴承作为易损件，它的润滑周期及使用寿命直接影响挖掘机的工作效率，因而延长轴承的寿命是提高挖掘机的工作效率最直接的手段。

滑动轴承合金层所承受的循环交变载荷是导致轴承失效的根本原因，对滑动轴承油膜压力和滑动轴承合金层应力的研究是对滑动轴承进行设计和失效分析的重要理论依据。以挖掘机曲臂关节滑动轴承为例，利用迦辽金法计算滑动轴承的油膜压力分布，得出滑动轴承的无量纲油膜压力的三维分布近似为连续的正弦分布，进而分析滑动轴承油膜压力分布和应力、应变的关系。

在分析滑动轴承的应力应变特性时，忽略滑动轴承的表面摩擦力，假设其在完全润滑的情况下，向合金层内表面施加沿滑动轴承圆周方向和宽度方向变化的载荷，对不同材料制成的滑动轴承在相同的条件下进行应力应变特性对比。

滑动轴承在循环变化油膜压力作用下,合金层产生了应力及应变。滑动轴承的应力变化与油膜压力分布变化一致。当油膜压力达到峰值时,滑动轴承应力也达到峰值。滑动轴承的轴向表面应力在圆周方向的一定区域内逐渐增加,当达到峰值后急剧降低。在滑动轴承的宽度方向上,从外截面到中截面应力逐渐增大,合金层轴向应力的最大值位于中截面附近。

滑动轴承在油膜压力作用下的径向变形与油膜压力分布十分相似。在一定区域内,径向变形随着油膜压力的增大而增大,当油膜压力达到最大值时,径向变形也相应达到最大值;另一方面,油膜压力急剧降低后径向变形也相应缩小。同时,应变随着厚度的增加而逐渐减小,且应变在压力最大时方向发生了变化。

2. 柴油机滑动主轴承摩擦故障诊断

柴油机曲轴的磨损是柴油机的主要故障之一,故障严重时会造成粘瓦、烧轴等恶性事故,而曲轴因其材料要求高、加工工艺复杂,成为柴油机中最昂贵的部件。如果能够对轴承副的工作状况进行监测,早期发现故障并及时采取措施,则可以避免曲轴的磨损、提高曲轴工作的可靠性、降低柴油机的维修费用。所以对柴油机滑动轴承进行状态监测和故障诊断的研究具有重要的意义。

因轴承材料较软,发生摩擦时首先损坏,所以柴油机主轴承与主轴颈摩擦副的故障诊断可以看作滑动轴承的故障诊断。在所有机械设备滑动轴承的故障诊断中,动载荷滑动轴承的故障诊断是最困难的。一方面,滑动轴承不像滚动轴承那样在出现故障时有较好的信号规律性,其信息特征分散、不易捕捉;另一方面,由于受到往复惯性力、气体力的强烈冲击以及其他运动部件振声信号的干扰,使得信号的不确定性更强,去除干扰更为困难。

此外,柴油机作为一种复杂的动力机械,其自身结构和工作特性决定了循环波动有其固有的特征,是一种典型的非平稳时变信号,而且是随机性很强的非平稳时变信号。采用小波分析方法对该非平稳时变信号进行处理,用于柴油机的振动故障诊断是有效可行的。小波分析是近年来国内外科技界高度关注的前沿领域,是一种新型强有力的时频分析工具,它克服了频域分析不涉及时间信息和时域分析不涉及频域信息的缺点,灵敏度高,准确可靠。

由滑动轴承的故障机理分析可知,尽管引起接触摩擦的原因很多,如轴承负荷过大、轴与轴瓦的几何加工精度或表面粗糙度值较大、安装同轴度误差较大、供油压力不足,以及润滑油温度、粘度不合适,过滤质量不达标等,但不论什么原因,其结果都是导致轴与轴瓦之间的油膜破坏,产生接触干摩擦。因此,采用从正常润滑状态逐步向干摩擦状态过渡的方法来模拟故障。具体做法是在轴承达到正常润滑工作状态一段时间后关断润滑油路。随着关断时间的延长,残留的润滑油越来越少,液体润滑状态逐渐被破坏,摩擦越来越严重,因此将轴与轴瓦之间是否产生一定程度的接触干摩擦可作为判断轴承故障的依据。

首先记录下正常润滑状态时的轴承温度以及所测电压信号波形和振动信号波形,然后关断润滑油,之后每隔几分钟再记录一次轴承温度以及电压信号波形和振动信号波形。轴承温度和测量电压不仅被作为判断轴承是否出现故障的判据,而且还将作为评价故障诊断结果正确性的标准。若所测电压值在一个较小的范围内波动,表明与电压有关的油膜厚度也在一个较小的范围内波动;故障时油膜被破坏,轴与轴瓦之间处于断断续续的半干摩擦状态,因此电压值在一个较大的范围内波动。

利用振动信号对柴油机主滑动轴承进行状态监测和故障诊断是可行的，适于现场使用。小波分析方法用于对非平稳时变信号进行时间和频率的局域变换，相对于傅里叶变换而言，保留了柴油机的时间信息，能有效地从信号中提取特征信息，实现了对复杂机械滑动轴承故障诊断的目的，诊断效果良好。

实验报告五

实验名称：_____　　　实验日期：_____

班级：_____　　　姓名：_____

学号：_____　　　同组实验者：_____

实验成绩：_____　　　指导教师：_____

（一）实验目的

（二）实验设备及主要参数

实验台型号：

轴承材料：

轴承内径：$d =$ _____ mm。

轴承有效长度：$L =$ _____ mm。

测力杆力臂距离：$L_1 =$ _____ mm。

（三）实验结果

1. 油膜压力分布测试

（1）记录不同条件下油膜压力分布测试数据。

条件 1：

转速_____负载_____最小油膜厚度_____偏位角 _____

位置	1	2	3	4	5	6	7	8
实测								
仿真								

条件 2：

转速_____负载_____最小油膜厚度_____偏位角

位置	1	2	3	4	5	6	7	8
实测								
仿真								

（2）在图5-9中绘出两种条件下的油膜压力周向及轴向分布曲线。

条件1：

条件2：

图5-9　油膜压力周向及轴向分布曲线

2. 轴承摩擦特性实验

（1）记录实验数据

次数		1	2	3	4	5	6	7	8	9	10
实测	λ										
	f										
	F										
	n										
仿真	λ										
	f										
	F										
	n										

（2）在图 5-10 中绘出实测 f—λ 曲线。

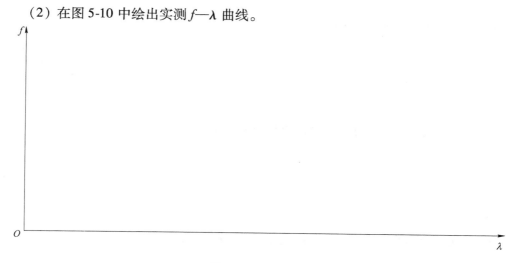

图 5-10　f—λ 曲线

（四）思考问答题

1. 在实验中如何观察滑动轴承动压油膜的形成？

2. 分析影响油膜压力的因素及当转速增大或载荷增大时，油膜压力分布图的变化如何？

3. 试提出一种实验液体动压滑动轴承的加载装置和摩擦因数测量装置的新方案。

4. f—λ 曲线说明什么问题？当轴承参数改变时曲线有何变化？

5. 为什么摩擦因数 f 会随着转速的改变而改变?

6. 哪些因素会引起滑动轴承摩擦因数测定的误差?

7. 从实验所得的油膜压力分布曲线如何求油膜的承载量?

（五） 实验心得、建议和探索

第6章 轴系结构创意设计及分析实验

6.1 概述

轴、轴承及轴上零件组合构成了轴系。它是机器的重要组成部分，具有传递运动和动力的作用，对机器的运转正常与否有着重大的影响。任何回转机械都具有轴系结构，因而轴系结构设计是机器设计中最丰富、最需具有创新意识的内容之一，轴系性能的优劣直接决定了机器的性能与使用寿命。如何根据轴的回转速度、轴上零件的受力情况决定轴承的类型；再根据机器的工作环境决定轴系的总体结构及轴上零件的轴向、周向的定位与固定等，是机械设计的重要环节。为设计出适合于机器的轴系，有必要熟悉常见的轴系结构，在此基础上才能设计出正确的轴系结构，为机器的正确设计提供核心的技术支持。

轴系结构创意设计主要包括以下内容：

1. 轴的结构设计

轴是组成机器的主要零件之一，其主要功能是支承回转零件、传递运动和动力。轴主要由三部分组成：安装传动零件轮毂的轴段称为轴头，与轴承配合的轴段称为轴颈，连接轴头和轴颈的部分称为轴身。轴头和轴颈表面都是配合表面，其余则是自由表面。配合表面的轴段直径通常应取标准值，并需确定相应的加工精度和表面粗糙度。

轴的结构设计是根据轴上零件的安装、定位以及轴的制造工艺等方面的要求，合理的确定轴的结构形式和尺寸。轴的结构设计不合理，会影响轴的工作能力和轴上零件的工作可靠性，还会增加轴的制造成本和轴上零件装配的困难等。因此，轴的结构设计是轴设计中的重要内容。

轴的结构设计主要取决于以下因素：轴在机器中的安装位置及形式；轴上安装的零件的类型、尺寸、数量以及与轴连接的方式；载荷的性质、大小、方向及分布情况；轴的加工工艺等。由于影响轴的结构的因素较多，设计时，必须具体情况具体分析，但不论何种具体条件，轴的结构都应满足以下几点：

1) 轴应具有良好的加工工艺性。

2) 轴上零件应便于装拆和调整。

3) 轴和轴上零件要有准确的工作位置。

4) 轴及轴上零件应定位准确、固定可靠。

5) 轴系受力合理，有利于提高轴的强度、刚度和振动稳定性。

6) 节约材料、减轻重量。

轴的结构设计包括：首先要拟定轴上零件的装配方案，这是轴进行结构设计的前提，它决定着轴的基本形式。其次是确定轴上零件的轴向、周向定位方式，常用的轴向定位方式有轴肩与轴环、套筒、轴端挡圈、圆螺母、弹性挡圈、紧定螺钉等，应合理选用。周向定位方式常用的有平键联结、花键联结、过盈配合连接、销联结等。最后确定各轴段的直径和长度。确定直径时，有配合要求的轴段应尽量采用标准直径，确定长度时，尽可能使结构紧凑。同时轴的结构形式应考虑便于加工和装配轴上零件，生产率高，成本低。

2. 轴承及其设计

轴承是支承轴及轴上回转件，并降低摩擦、磨损的零件。按相对运动表面的摩擦形式，轴承分为滚动轴承和滑动轴承两大类。

常用的滚动轴承已标准化，由专门的工厂大批大量生产，在机械设备中得到广泛应用。设计时只需根据工作条件选择合适的类型，依据寿命计算确定规格尺寸，并进行滚动轴承的组合结构设计。

3. 轴系组合结构设计

在分析与设计轴与轴承的组合结构时，主要应考虑轴系的固定；轴承与轴、轴承座的配合；轴承的定位；轴承的润滑与密封；轴系强度和刚度等方面的问题。

（1）轴系的固定 为保证轴系能承受轴向力而不发生轴向窜动、轴受热膨胀后不致将轴承卡死，需要合理地设计轴系的轴向支承、固定结构。不同的固定方式，轴承间隙调整方法不同，轴系受力及补偿受热伸长的情况也不同。常见的轴系支承、固定形式有以下几种：

1）双支点单向固定（两端固定）。如图 6-1 所示，轴系两端由两个轴承支承，每个轴承分别承受一个方向的轴向力，两个支点合起来就可限制轴的双向运动。这种结构较简单，适用于工作温度较低且温度变化不大、支承跨距较小（跨距 $L \leqslant$ 350mm）的轴系。为补偿轴受热后的膨胀伸长，在轴承端盖与轴承外圈端面之间留有补偿间隙 a，$a \approx 0.2 \sim 0.4mm$。间隙的大

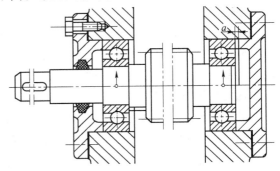

图 6-1　圆柱直齿轮轴支承结构

小常用轴承盖下的调整垫片或拧在轴承盖上的螺钉进行调整。

锥齿轮轴支承、蜗杆轴支承轴系结构如图 6-2、图 6-3 所示。

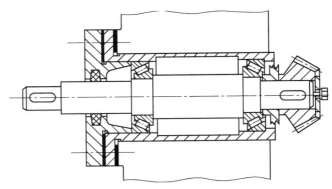

图 6-2　锥齿轮轴支承结构

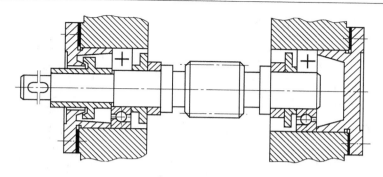

图 6-3　蜗杆轴支承结构

2）一端支点双向固定、另一端支点游动（单支点双向固定）。如图 6-4 所示，轴系由双向固定端（左侧）的轴承承受轴向力并控制间隙，由轴向移动的游动端（右侧）轴承保证轴伸缩时支承能自由移动，不能承受轴向载荷。为避免松动，游动端轴承内圈应与轴固定。这种固定方式适用于工作温度较高、支承跨距较大（跨距 $L > 350mm$）的轴系。

在选择滚动轴承作为游动支承时，若选用深沟球轴承应在轴承外圈与端盖之间留有适当间隙（图 6-4）；若选用圆柱滚子轴承时（图 6-5），可以靠轴承本身具有内、外圈可分离的特性达到游动目的，但这时内外圈均需固定。

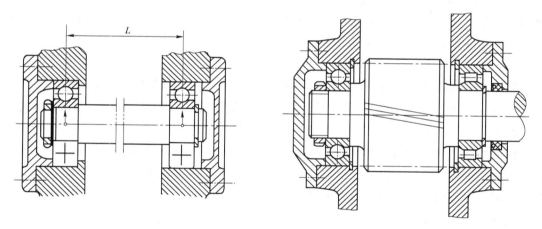

图 6-4　一端固定、另一端游动支承结构（Ⅰ）　　　图 6-5　一端固定、另一端游动支承结构（Ⅱ）

3）两端游动（一般用于人字齿轮传动）。对于一对人字齿轮轴，由于人字齿轮本身的相互轴向限位作用，它们的轴承内外圈的轴向紧固应设计成只保证其中一根轴相对机座有固定的轴向位置，而另一根轴上的两个轴承（采用圆柱滚子轴承）轴向均可游动（图 6-6），以防止齿轮卡死或人字齿的两侧受力不均匀。

（2）轴承的配合　由于轴承的配合关系到回转零件的回转精度和轴系支承的可靠性，因此在选择轴承配合时要注意以下问题：

1）滚动轴承是标准件，轴承内圈与轴的配合采用基孔制，即以轴承内孔的尺寸为基准；轴承外圈与轴承座的配合采用基轴制，即以轴承的外径尺寸为基准。

2）一般转速越高、载荷越大、振动越严重或工作温度越高的场合，应采用较紧的配

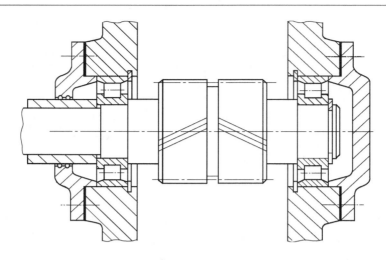

图 6-6　两端游动支承结构

合；当载荷方向不变时，转动套圈的配合应比固定套圈的紧一些；经常拆卸的轴承以及游动支承的轴承外圈，应采用较松的配合。

（3）轴承的润滑和密封　润滑和密封对于滚动轴承的使用寿命具有十分重要的影响。

1）轴承的润滑。润滑的主要目的是为了减轻轴承的摩擦和磨损，另外润滑还兼有冷却散热、吸振、防锈、密封等作用。滚动轴承常用的润滑方式有油润滑和脂润滑两种，具体应用时可按速度因数 dn（d 为滚动轴承内径，单位为 mm；n 为轴承转速，单位为 r/min）来确定。

脂润滑简单方便，不易流失，密封性好，油膜强度高，承载能力强，但只适用于低速（dn 值较小）。装填润滑脂量一般以轴承内部空间容积的 1/3 ~ 2/3 为宜。油润滑摩擦因数小，润滑可靠。但需要油量较大，一般适用于 dn 值较大的场合。

润滑油的主要性能指标是粘度，转速越高，应选用粘度越低的润滑油；载荷越大，应选用粘度越高的润滑油。润滑油的粘度可根据轴承的速度因数和工作温度查手册确定。若采用浸油润滑，则油面高度不应超过轴承最低滚动体的中心，以免产生过大的搅油损耗和热量。高速轴承通常采用喷油或油雾润滑。

2）轴承的密封。密封的目的在于防止灰尘、水分、其他杂物进入轴承，并防止润滑剂流失。

密封方法可分为两大类：①接触式密封如毡圈密封、唇形密封圈密封（图 6-7a、b）等，多用于速度不太高的场合；②非接触式密封如油沟密封、迷宫式密封（图 6-8a、b）等，通常用于速度较高的场合。如果组合使用各种密封方法，效果更佳。

（4）轴系的刚度　轴系的刚度是保障轴上传动零件正常工作的重要条件，增大轴系的刚度，对提高其旋转精度、减少振动及噪声、保证轴承寿命是十分有利的。

首先应根据负载和其他工作条件选用合适的轴承类型。如重载或冲击载荷的场合，宜选用滚子轴承；轴转速高时应选用球轴承；轴变形大或轴和轴承座有偏移时宜采用调心轴承。还应控制轴和轴承座本身的变形，这涉及轴的刚度设计和机架、机体零件的设计问题，可参

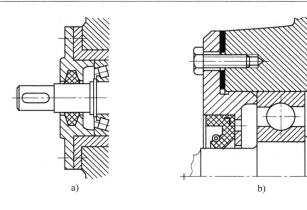

a)　　　　　　　　　　　b)

图 6-7　接触式密封

a）毡圈密封　b）唇形密封圈密封

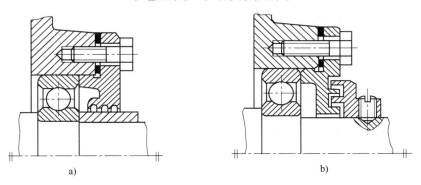

a)　　　　　　　　　　　b)

图 6-8　非接触式密封

a）油沟密封　b）迷宫式密封

照相应的设计资料进行。不同支承结构与排列的轴系，其刚度不同；轴系的刚度还与传动零件在轴上的位置有关。

综上所述，轴系结构创意设计中涉及的主要是装配、制造、使用调整等问题，具有较强的实践性，在理论课上很难讲述清楚。因此，为了提高学生对轴系结构的设计能力，通过本实验来熟悉和掌握轴系的结构设计和轴承的组合设计，加深课堂上所学知识的理解与记忆，可大大提高工程实践能力，为后续的综合课程设计训练打好基础。

6.2　预习作业

1. 轴为什么要做成阶梯形状？如何区分轴上的轴头、轴颈、轴身各段？它们的尺寸是根据什么来确定的？轴各段的过渡部位结构应注意什么？

2. 何谓转轴、心轴、传动轴？自行车的前轴、中轴、后轴及脚踏板的轴分别属于什么类型的轴？

3. 齿轮、带轮在轴上一般采用哪些方式进行轴向和周向固定？

4. 滚动轴承的配合指的是什么？作用是什么？

5. 简述滚动轴承的安装、调整方法。圆锥滚子轴承如何装配？

6. 简述轴系结构的特点。

6.3　实验目的

1）熟悉和掌握轴的结构及其设计，弄懂轴及轴上零件的结构形状及功能、加工工艺和装配工艺；

2）熟悉并掌握轴及轴上零件的定位与固定方法；

3）熟悉和掌握轴系结构设计的基本要求与常用轴系结构的基本形式；

4）了解滚动轴承的类型、布置、安装及调整方法，以及润滑和密封方式；

5）掌握滚动轴承组合设计的基本方法。

6.4　实验设备及工具

（1）JDI-A 型轴系结构创意设计及分析实验箱　主要包括：

1）若干模块化轴段，可用来组装成不同结构形状的阶梯轴。

2）各种零件，如齿轮、蜗杆、带轮、联轴器、轴承、轴承座、轴承端盖、键、套环、套筒、圆螺母、轴端挡圈、止动垫圈、弹性挡圈、螺钉、螺母、密封元件等，零件材料为铝合金，采用精密加工方式制作而成。供学生按照设计思路进行装配和模拟设计，能方便地组合出多种轴系结构方案。

（2）工具　活扳手，螺钉旋具，游标卡尺，内、外卡钳，300mm 钢直尺，铅笔，三角板，圆规等。

6.5　实验原理

进行轴的结构设计时，通常首先按扭转强度初步计算出轴的最小直径，然后在此基础上全面考虑轴上零件的布置、定位、固定、装拆、调整等要求，以及减少轴的应力集中，保证轴的结构工艺等因素，以便经济合理地确定轴的结构。

1. 轴上零件的布置

轴上零件应布置合理，使轴受力均匀，提高轴的强度。

2. 轴上零件的定位和固定

零件安装在轴上，要有一个确定的位置，即要求定位准确。轴上零件的轴向定位是以轴肩、套筒、轴端挡圈和圆螺母等来保证的；轴上零件的周向定位是通过键、花键、销、紧定螺钉以及过盈配合来实现的。

3. 轴上零件的装拆和调整

为了使轴上零件装拆方便，并能进行位置及间隙的调整，常把轴做成两端细中间粗的阶梯轴，为装拆方便而设置的轴肩高度一般可取为 1 ~ 3mm，安装滚动轴承处的轴肩高度应低于轴承内圈的厚度，以便于拆卸轴承。轴承间隙的调整，常用调整垫片的厚度来实现。

4. 轴应具有良好的制造工艺性

轴的形状和尺寸应满足加工、装拆方便的要求。轴的结构越简单，工艺性越好。

5. 轴上零件的润滑

滚动轴承的润滑可根据速度因数 dn（d 为滚动轴承内径，单位为 mm；n 为轴承转速，单位为 r/min）值选择油润滑或脂润滑，不同的润滑方式采用的密封方式不同。

6.6　实验内容及要求

1）从轴系结构设计实验方案表（表 6-1）中选择设计实验方案号。

表 6-1　轴系结构设计方案

方案类型	方案号	已 知 条 件				轴系布置示意图	跨距 l/mm
		齿轮类型	载荷	转速	其他条件		
单级齿轮减速器输入（出）轴	1-1	小直齿轮	轻	低	输入轴		95
	1-2		中	高	输入轴		
	1-3	大直齿轮	中	低	输出轴		
	1-4		重	中	输出轴		
	1-5	小斜齿轮	轻	中	输入轴		
	1-6		中	高	输入轴		
	1-7	大斜齿轮	中	中	输出轴 轴承反装		
	1-8		重	低	输出轴		
二级齿轮减速器输入（出）轴	2-1	小直齿轮	轻	高	输入轴		145
	2-2	大直齿轮	中	中	输出轴		
	2-3	小斜齿轮	中	高	输入轴		
	2-4	大斜齿轮	重	低	输出轴		
	2-5	小锥齿轮	轻	低	锥齿轮轴		75
	2-6		中	高	锥齿轮与轴分开		
二级齿轮减速器中间轴	3-1	小斜齿轮 大直齿轮	中	中			135
	3-2	小直齿轮 大斜齿轮	重	中			
蜗杆减速器输入轴	4-1	蜗杆	轻	低	发热量小		157
	4-2	蜗杆	重	中	发热量大		168

2）根据选定的实验设计方案绘出轴系结构设计装配草图，绘制装配草图时应注意：①应该符合轴的结构设计、轴承组合设计的基本要求，如轴上零件的固定、拆装、轴承间隙的调整、轴的结构工艺性等；②标出图上的配合尺寸、公差带代号等。

3）进行轴的结构设计与滚动轴承组合设计。每组学生根据规定的设计条件和要求，并参考绘制的装配草图，确定需要哪些轴上零件，进行轴系结构设计。解决轴承类型选择，轴上零件的固定、装拆，轴承游隙的调整，轴承的润滑、密封，轴的结构工艺性等问题。

4）绘制轴系结构设计装配图。

5）每人编写实验报告一份。

6.7　实验方法及步骤

1）明确实验内容，理解设计要求。

2）复习有关轴的结构设计与轴承组合设计的内容与方法（参看教材有关章节）。

3）构思轴系结构方案，绘制轴系结构设计装配草图。

①　根据轴系方案选出所需的齿轮和轴。

②　根据齿轮类型选择滚动轴承型号。

③　确定支承轴向固定方式（两端单向固定；一端双向固定、一端游动）。

④　根据齿轮圆周速度（高、中、低）确定轴承的润滑方式（脂润滑、油润滑）。

⑤　选择轴承端盖形式（凸缘式、嵌入式），并考虑透盖处密封方式（毡圈密封、唇形密封、油沟密封等）。

⑥　考虑轴上零件的定位与固定，轴承间隙调整等问题。

⑦　绘制轴系结构设计装配草图。

4）组装轴系部件。根据轴系结构设计装配草图，从实验箱中选取合适的零件，按照装配工艺要求顺序装到轴上，完成轴系结构设计。

5）检查轴系结构设计是否合理，并对不合理的结构进行修改。合理的轴系结构应满足下列要求：

①　轴上零件装拆方便，轴的加工工艺性良好。

②　轴上零件的轴向固定、周向固定可靠。

③　一般滚动轴承与轴过盈配合、轴承与轴承座孔间隙配合。

④　滚动轴承的游隙调整方便。

⑤　锥齿轮传动中，其中一锥齿轮的轴系设计要求锥齿轮的位置可以轴向调整。

6）测绘各零件的实际结构尺寸（对机座不测绘、对轴承座只测量其轴向宽度），做好记录。

7）将实际零件放回箱内，排列整齐，工具放回原处。

8）根据结构草图及测量数据，在实验报告上按 1:1 比例绘制轴系结构设计装配图，要求装配关系表达正确。

6.8　自检提纲

1) 轴上各键槽是否在同一条素线上。
2) 轴上各零件能否装到指定位置。
3) 轴上零件的轴向、周向是否固定可靠。
4) 轴承能否拆下。
5) 轴承游隙是否需要调整，如何调整。
6) 轴系位置是否需要调整，如何调整。
7) 轴系能否实现工作的回转运动，运动是否灵活。

6.9　注意事项

1) 因实验条件限制，本实验忽略过盈配合的松紧程度、轴肩过渡圆角及润滑问题。
2) 绘制轴系结构设计装配图时，应在图中标出：①主要轴段的直径和长度、轴承的支承跨距；②齿轮直径与宽度；③主要零件的配合尺寸如滚动轴承与轴的配合、滚动轴承与轴承座的配合、齿轮（或带轮）与轴的配合尺寸等；④轴及轴上各零件的序号。

6.10　工程实践

轴系是机器中应用最为广泛的部件之一。轴系设计质量的好坏，直接影响到机器是否为正常工作状态。一切做回转运动的传动零件都必须安装在轴上才能进行运动及动力的传递。轴需要用滚动轴承或滑动轴承来支撑，机床主轴的强度和刚度主要取决于轴的支撑方式和轴的工作能力。

轴系的结构设计没有固定的标准，要根据轴上零件的布置和固定方法，轴上载荷大小、方向和分布情况，以及对轴的加工和装配方法决定的。为保证滚动轴承轴系正常工作，即正常传递力并且不发生窜动，要正确选用轴承的类型和型号，还需要合理设计轴承组合，考虑轴系的固定、轴承与相关零件的配合、提高轴承系统的刚度等。轴的结构设计要以轴上零件的拆装是否方便、定位是否准确、固定是否可靠来衡量轴结构设计的好坏。轴的结构设计要包括轴的合理外形和全部尺寸，要满足强度、刚度以及装配加工要求，拟定几种不同的方案进行比较，轴的设计越简单越好。

1. 轮胎压路机后轮轴系结构

轮胎压路机（图6-9）是一种依靠机械自身重力，利用充气轮胎的特性对铺层材料以静力压实作用来增加工作介质密实度的压实机械，广泛应用于各种材料的基础层、次基础层、填方及沥青面层的压实作业；尤其是在沥青路面压实作业时，其独特的柔性压实功能是其他压实设备无法代替的，是复压沥青混合料的主要机械，也是建设高等级公路、机场、港口、堤坝及工业建筑工地的理想压实设备。

　　轮胎压路机不但有垂直压实力，还有沿机械行驶方向和沿机械横向的水平压实力，压实过程有揉搓作用，使压实层颗粒不破坏而嵌入地面且均匀密实，产生极好的压实效果和较好的密实性。另外，轮胎压路机还可通过增减配重、改变轮胎充气压力，适应压实各种材料。轮胎式压路机采用液压、液力或机械传动系统，单轴或全轴驱动。

图 6-9　轮胎压路机

　　压路机的后轮轴系结构是影响压路机工作性能的重要方面，对其后轮轴系结构进行改进，可大大提高压路机的工作性能，从而提高道路工程建设的质量和效率。

　　压路机在使用过程中会出现一些问题，如轴的强度不够、轴承的使用寿命短等，从而影响压路机的工作性能和使用寿命。而造成强度不够、寿命短的主要原因是后轮轴的结构和尺寸不合理。因此，改进后轮的轴系结构，进行结构优化设计，对提高轮胎压路机的工作性能和使用寿命具有十分重要的意义。

　　改进方法之一是将轮胎压路机后轮轴的部分直径增大，同时重新设计后轮轴上的轴承型号，并对轴进行设计计算和强度校核，对轴承进行选型设计和寿命计算。后轮轴系结构改进后，轴的应力降低了 23%；轴承重新选型后，其寿命提高了 1 倍。因此，优化设计后的结构能很好地满足轮胎压路机的工作性能，使轮胎压路机的使用寿命大大延长。

2. 直驱式风力发电机组主轴系结构

　　风力发电机组的主轴系结构主要包括主轴、主轴承、轴承座及其定位和密封零件。主轴系是风力发电机组主传动链的重要组成部分，是机组传递载荷的主要部件，其性能的好坏不仅影响风能转换效率，而且决定了主传动链的维护成本。由于主传动链形式的不同，风力发电机组主轴系的结构方案也有多种形式。对于带齿轮箱的机组，主轴系的结构形式主要包括三点支撑形式、两点支撑形式和与齿轮箱集成的形式；对于直驱式风力发电机组，主轴系的结构形式主要包括双主轴承形式、单主轴承形式以及轮毂内主轴承形式。风力发电机组中多使用球面滚子轴承、圆柱滚子轴承和圆锥滚子轴承作为主轴承。一个双列圆锥滚子轴承、两个单列圆锥滚子轴承组合使用是应用于直驱式风力发电机组主轴系的两种轴承布置形式。随着单机容量的增加，单个双列圆锥滚子轴承的直径必须足够大，以抵抗不断增加的载荷，因此该轴系的成本会越来越高。

　　下面分别计算以上两种主轴系的轴承寿命，并从整机角度对这两种轴系结构方案作对比分析，为直驱式机组主轴系的结构设计及主轴承选型提供参考。

（1）轴承寿命对比　方案一为一个双列圆锥滚子轴承支撑的轴系布置；方案二为两个相同规格的单列圆锥滚子轴承支撑的轴系布置。在 Romax 软件中建立两种方案的轴系模型并进行寿命计算。根据 Miner 线性损伤累积理论，通过计算得出方案二中的轴承寿命比方案一中的轴承寿命更长，使用两个单列圆锥滚子轴承作为主轴承能够满足寿命要求。

（2）轴系结构对比　评估一个轴系的合理性，不仅要看主轴承配置，还要看主轴系结构对整机的影响。统计风力发电机组的故障可以发现，变桨系统故障占很大的比例，所以经常需要工人进入轮毂内部进行维护。方案一中，维护人员可以由机舱内部经空心主轴直接进入轮毂内部；而方案二中，主轴的空心直径小，维护人员需经直驱发电机的定转子支架进入轮毂外部，所以方案一更易到达叶轮，机组的可维护性更好。方案二的两个圆锥滚子轴承的间距大，主轴的长度比方案一长，在同样的温差下，方案二的主轴热膨胀量要大，其主轴承在运行过程中不能一直保持在最佳游隙，影响主轴承的寿命。装配工艺性方面，方案二中轴承的游隙是在装配过程中确定的，并且两个轴承的游隙相互影响；而方案一中的轴承在轴承出厂前就已经设置在最佳值，不需要在总装车间调整，所以方案一的装配工艺性比方案二好。

（3）结论　通过对两种方案的计算结果分析可发现，双列圆锥滚子轴承作为主轴承存在两列滚子受力不均的缺陷，而轴承寿命比较结果表明，通过合理地选取轴承，可以使用两个直径较小的单列圆锥滚子轴承代替一个直径较大的双列圆锥滚子轴承作为主轴承。但与方案二相比，方案一具有更好的装配工艺性、可维护性。因此，在设计主轴系时应综合权衡各种因素，作出最优选择。

附：轴系结构示例（图 6-10 ~ 图 6-17）

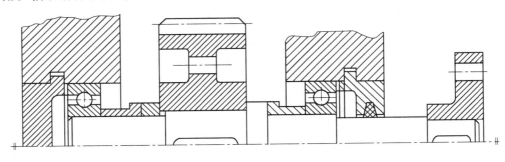

图 6-10　圆柱齿轮轴系结构示例一

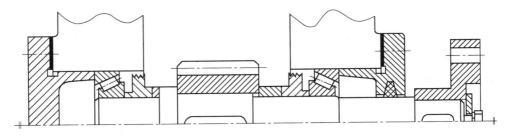

图 6-11　圆柱齿轮轴系结构示例二

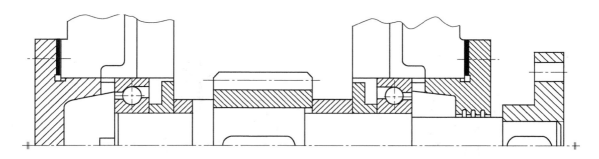

图 6-12　圆柱齿轮轴系结构示例三

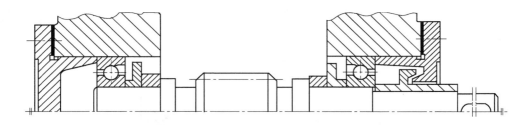

图 6-13　蜗杆轴系结构示例一

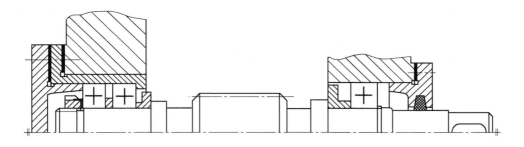

图 6-14　蜗杆轴系结构示例二

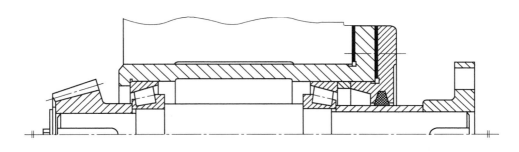

图 6-15　小锥齿轮轴系结构示例一

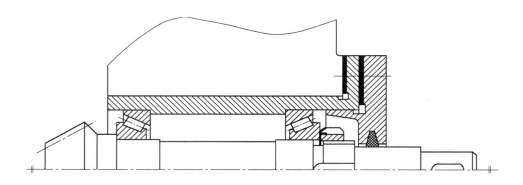

图 6-16　小锥齿轮轴系结构示例二

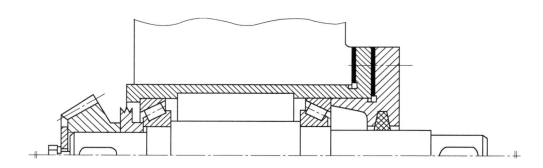

图 6-17　小锥齿轮轴系结构示例三

实验报告六

实验名称：＿＿＿＿＿＿＿＿＿　　　实验日期：＿＿＿＿＿＿＿＿＿

班级：＿＿＿＿＿＿＿＿＿＿　　　姓名：＿＿＿＿＿＿＿＿＿＿

学号：＿＿＿＿＿＿＿＿＿＿　　　同组实验者：＿＿＿＿＿＿＿

实验成绩：＿＿＿＿＿＿＿＿＿　　　指导教师：＿＿＿＿＿＿＿＿＿

（一）　实验目的

（二）　实验设备

（三）　实验结果

轴系类型：＿＿＿＿＿＿＿＿

方案编号：＿＿＿＿＿＿＿＿

1. 对你所组装的轴系结构进行分析（简要说明轴上零件如何装拆、定位与固定，滚动轴承的装拆、调整、润滑与密封等问题）。

2. 绘制轴系结构设计装配图。

（四）思考问答题

1. 轴系结构一般采用什么形式？如工作轴的温度变化很大，则轴系结构一般采用什么形式？人字齿轮传动的其中一根轴应采用什么样的轴系结构形式？

2. 轴承的间隙是如何调整的？调整方式有何特点？

3. 你所设计的轴系结构中，轴承在轴上的轴向位置是如何固定的？轴系中是否采用了轴肩、挡圈、螺母、紧定螺钉、定位套筒等零件？它们起何作用？结构形状有何特点？

4. 火车轮毂单元中，滚动轴承与轴通常采用什么配合形式？滚动轴承与车轮一般采用什么配合形式？

5. 轴上的两个键槽或多个键槽为什么常常设计成同在一条素线上?

6. 滚动轴承一般采用什么润滑方式进行润滑? 润滑剂的选择依据有哪些?

7. 你所设计的轴系结构中, 轴承选用的类型是什么? 它们的布置和安装方式有何特点?

8. 滚动轴承一般采用什么样的密封装置? 有何特点?

(五) 实验心得、建议和探索

第7章　减速器的拆装与结构分析实验

7.1　概述

减速器是由封闭在箱体内的齿轮传动或蜗杆传动所组成、具有固定传动比的独立部件，为了提高电动机的效率，原动机提供的回转速度一般比工作机械所需的转速高，因此减速器常安装在机械的原动机与工作机之间，用以降低输入的转速并相应地增大输出的转矩，在机器设备中被广泛采用。减速器具有固定传动比、结构紧凑、机体封闭并有较大刚度、传动可靠等特点。某些类型的减速器已有标准系列产品，由专业工厂成批量生产，可以根据使用要求选用；在传动装置、结构尺寸、功率、传动比等有特殊要求，选择不到适当的标准减速器时，则可自行设计制造。

作为机械类、近机械类专业的学生，有必要熟悉减速器的类型、结构与设计。本实验的主要目的是为了解减速器的结构、主要零件的加工工艺性。对于详细的减速器技术设计过程，在"机械设计（基础）课程设计"这门课程中予以介绍。

1. 减速器的类型

减速器按用途分为通用减速器和专用减速器两大类。依据齿轮轴线相对于机座的位置固定与否，又分为定轴传动减速器（普通减速器）和行星齿轮减速器。本实验介绍定轴传动的通用减速器，这类减速器又分为齿轮减速器、蜗杆减速器、蜗杆—齿轮减速器等三类，每一类又有单级和多级之分。几种常用减速器的类型、特点及应用列于表7-1中。

（1）齿轮减速器

齿轮减速器传动效率高、工作可靠、寿命长、维护简便，因而应用很广泛。但受外廓尺寸及制造成本的限制，其传动比不能太大。这类减速器有单级圆柱齿轮减速器、展开式二级圆柱齿轮减速器、同轴式圆柱齿轮减速器、分流式二级圆柱齿轮减速器、单级锥齿轮减速器和二级锥齿轮—圆柱齿轮减速器等几种，见表7-1。

表7-1　常用减速器的类型、特点及应用

类　　型	简图	推荐传动比	特点及应用
单级圆柱齿轮减速器		3～5	轮齿可为直齿、斜齿或人字齿，箱体通常用铸铁铸造，也可用钢板焊接而成。轴承常用滚动轴承，只有重载或特高速时才用滑动轴承

（续）

类　型		简　图	推荐传动比	特点及应用
二级圆柱齿轮减速器	展开式		8～40	高速级常为斜齿，低速级可为直齿或斜齿。由于齿轮分布相对轴承布置为不对称分布，故要求轴的刚度较大，并使转矩输入、输出端远离齿轮，以减少因轴的弯曲变形引起载荷沿齿宽分布不均匀。结构简单，应用最广
	分流式			一般采用高速级分流。由于齿轮相对轴承布置对称，因此齿轮和轴承受力较均匀。为了使轴上总的轴向力较小，两对齿轮的螺旋线方向应相反。结构较复杂，常用于大功率、变载荷的场合
	同轴式			减速器的轴向尺寸较大，中间轴较长，刚度较差 当两个大齿轮浸油深度相近时，高速级齿轮的承载能力不能充分发挥。常用于输入和输出轴同轴线的场合
单级锥齿轮减速器			2～4	传动比不宜过大，以减小锥齿轮的尺寸，利于加工。仅用于两轴线垂直相交的传动中
圆柱、锥齿轮减速器			8～15	锥齿轮应布置在高速级，以减小锥齿轮的尺寸。锥齿轮可为直齿或曲线齿。圆柱齿轮多为斜齿，使其能与锥齿轮的轴向力抵消一部分

（续）

类　型	简图	推荐传动比	特点及应用
蜗杆 减速器		10~80	结构紧凑，传动比大，但传动效率低，适用于中、小功率、间隙工作的场合。当蜗杆圆周速度 $v \leqslant 4 \sim 5\text{m/s}$ 时，蜗杆为下置式，润滑冷却条件较好；当 $v > 4 \sim 5\text{m/s}$ 时，油的搅动损失较大，一般蜗杆为上置式
蜗杆、齿轮减速器		60~90	传动比大，结构紧凑，但效率低

（2）蜗杆减速器　蜗杆减速器结构紧凑、传动比大、工作平稳、噪声较小，但传动效率低。这类减速器有下蜗杆式减速器、侧蜗杆式减速器、上蜗杆式减速器和双级蜗杆减速器等几种。

（3）蜗杆——齿轮减速器　蜗杆——齿轮减速器兼有蜗杆减速器和齿轮减速器的传动特点，通常把蜗杆传动作为高速级，因为在高速时，蜗杆传动的效率较高。

2. 减速器的结构

减速器的种类繁多，但其基本结构是由箱体、轴系零件和附件三部分组成。图 7-1 所示为单级圆柱齿轮减速器结构图。

（1）箱体　箱体是减速器中所有零件的基座，用来支承和固定轴系零件，是保证传动零件的啮合精度、良好润滑及密封的重要零件，其重量约占减速器总重量的 50%。因此，箱体结构对减速器的工作性能、加工工艺、材料消耗、重量及成本等有很大影响，设计时必须全面考虑。

为保证传动件轴线相互位置的正确性，箱体上的轴孔必须精确加工。箱体一般还兼做润滑油的油箱，具有充分润滑和很好地密封箱内零件的作用。为保证具有足够的强度和刚度，箱体要有一定的壁厚，并在轴承座孔处设置肋板，以免引起沿齿轮齿宽上的载荷分布不匀。

为了便于轴系零件的安装和拆卸，箱体通常制成剖分式结构。如图 7-1 所示，箱体分成箱座和箱盖两部分。剖分面一般取在轴线所在的水平面内（即水平剖分），以便于加工。剖分面之间不允许用垫片或其他填料（必要时为了防止漏设，允许在安装时涂一层薄的水玻璃或密封胶），否则会破坏轴承和孔的配合精度。箱盖和箱座之间用螺栓连接成一整体，为了使轴承座旁的连接螺栓尽量靠近轴承座孔，并增加轴承支座的刚性，应在轴承座旁制出凸台。设计螺栓孔位置时，应注意留出足够的扳手空间。

箱体通常用灰铸铁（HT150 或 HT200 等）铸成。对于受冲击载荷的重型减速器，也可

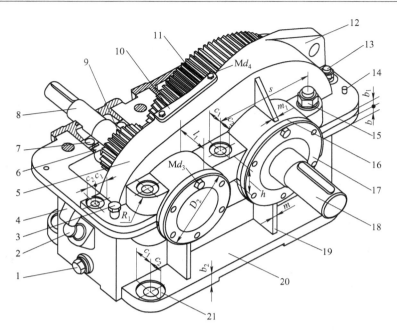

图 7-1　减速器的结构

1—油塞　2—油标尺　3—起盖螺钉　4—吊钩　5—箱盖　6—挡油环　7—轴承　8—高速轴　9—小齿轮
10—检查孔盖　11—大齿轮　12—吊耳　13—箱盖连接螺栓（Md_2）　14—定位销　15—轴承旁连接螺
栓（Md_1）　16—调节垫片　17—端盖　18—低速轴　19—肋板　20—箱座　21—地脚螺栓孔（Md_f）

采用铸钢箱体。单件生产时为了简化工艺、降低成本，可采用钢板焊接箱体。

（2）轴系零件　轴系零件包括传动件（直齿轮、斜齿轮、锥齿轮、蜗杆等）、支承件
（轴、轴承等）及这些传动件和支承件的固定件（键、套筒、垫片、端盖等）。

1）轴。减速器中的齿轮、轴承、蜗轮、套筒等都需要安装在轴上。为使轴上零件安
装、定位方便，大多数轴需制作成阶梯状。轴的设计应满足强度和刚度的要求，对于高速运
转的轴，要注意振动稳定性的问题。轴的结构设计应保证轴和轴上零件有确定的工作位置，
轴上零件应便于装拆和调整，轴应具有良好的制造工艺性。轴的材料一般采用碳钢和合金
钢。

2）齿轮。由于齿轮传动具有传动效率高、传动比恒定、结构紧凑、工作可靠等优点，
因此减速器都采用齿轮传动。齿轮采用的材料有锻钢、铸钢、铸铁、非金属材料等。一般用
途的齿轮常采用锻钢，经热处理后切齿，用于高速、重载或精密仪器的齿轮还要进行磨齿等
精加工；当齿轮的直径较大时采用铸钢；速度较低、功率不大时用铸铁；高速轻载和精度要
求不高时可采用非金属材料。若高速级的小齿轮直径和轴的直径相差不大时，可将小齿轮与
轴制成一体。大齿轮与轴分开制造，用普通平键作周向固定。

图 7-1 中的齿轮传动采用油池浸油润滑，大齿轮的轮齿浸入油池中，靠它把润滑油带到
啮合处进行润滑。多级传动的高速级齿轮亦可采用带油轮、溅油环来润滑，也可把油池按
高、低速级传动隔开，并按各级传动的尺寸大小分别决定相应的油面高度。

3）轴承。绝大多数中、小型减速器都采用滚动轴承作支承。轴承端盖与箱体座孔外端

面之间垫有调整垫片组，以调整轴承游隙，保证轴承正常工作。当滚动轴承采用油润滑时，需保证油池中的油能飞溅到箱体的内壁上，再经箱盖斜口、输油沟流入轴承。为使箱盖上的油导入油沟，应将箱盖内壁分箱面处的边缘切出边角。当滚动轴承采用脂润滑时，为防止箱体内的润滑油进入轴承和润滑脂流失，应在轴承和齿轮之间设置挡油环。为防止箱内润滑油泄漏以及外界灰尘、异物侵入箱体，轴外伸的轴承端盖孔内应装有密封元件。

4）端盖。为固定轴承、调整轴承游隙并能承受轴向载荷，轴承座孔两端用端盖封闭。端盖有嵌入式和凸缘式两种。嵌入式结构紧凑，重量轻，但承受轴向力的能力差，不易调整。凸缘式端盖应用较普遍，可承受较大的轴向力，但结构尺寸较大。

（3）减速器附件

1）定位销。在精加工轴承座孔前，在箱盖和箱座的连接凸缘上配装定位销，以保证箱盖和箱座的装配精度，同时也保证了轴承座孔的精度。两定位圆锥销应设在箱体纵向两侧连接凸缘上，距离较远且不宜对称布置，以加强定位效果。定位销长度要大于连接凸缘的总厚度，定位销孔应为通孔，便于装拆。

2）检查孔（观察孔）盖板。为检查传动零件的啮合情况，并向箱体内加注润滑油，在箱盖顶部的适当位置设置一观察孔（图 7-2）。观察孔多为长方形，观察孔盖板平时用螺钉固定在箱盖上，盖板下垫有纸质密封垫片，以防漏油。

3）通气器。通气器用来沟通箱体内、外的气流，箱体内的气压不会因减速器运转时的油温升高

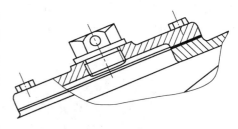

图 7-2　通气器及检查孔盖板

而增大，从而提高了箱体分箱面、轴伸端缝隙处的密封性能。通气器多装在箱盖顶部或观察孔盖上，以便箱内的膨胀气体自由逸出，如图 7-2 所示。

4）油标。为了检查箱体内的油面高度，及时补充润滑油，应在油箱便于观察和油面稳定的部位，装设油标。油标形式有油标尺、管状油标、圆形油标等，常用的是带有螺纹的油标尺，如图 7-3 所示。油标尺的安装位置不能太低，以防油从该处溢出。油标座孔的倾斜位置要保证油标尺便于插入和取出。测油尺构造简单，通过测油尺上的两条刻线来检查油面的合适位置。如果尺上的油印高于上线，表明油面高于规定位置；若油印低于下线，表明油量太少，需要补充油。

5）放油螺塞（图 7-4）。工作一段时间后，减速箱内的润滑油需要进行更换。为使减速箱中的污油和清洗剂能顺利排放，放油孔应开在油池的最低处。油池底面有一定斜度，放油孔座应设有凸台，放油螺塞和箱体结合面之间应加防漏垫圈。

6）起盖螺钉。装配减速器时，常常在箱盖和箱座的结合面处涂上水玻璃或密封胶，以增强密封效果，但却给开起箱盖带来困难。为此，在箱盖的

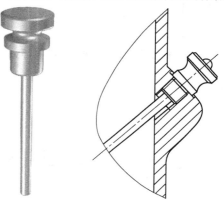

图 7-3　油标尺

连接凸缘上开设螺纹孔，并拧入起盖螺钉（图 7-5），螺钉的螺纹段高出凸缘厚度。开启箱盖时，拧动起盖螺钉，迫使箱盖与箱座分离。

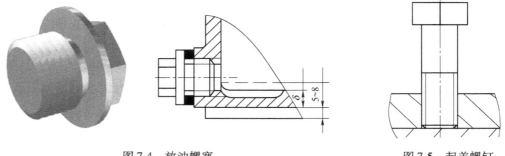

图 7-4　放油螺塞　　　　　　　　　　　　　图 7-5　起盖螺钉

7）起吊装置（图 7-6）。为了便于减速器的搬运，需在箱体上设置起吊装置。图 7-1 中箱盖上铸有两个吊耳，用于起吊箱盖，设在箱盖两侧的对称面上。箱座上铸有两个吊钩，用于吊运整台减速器，在箱座两端的凸缘下面铸出。但对于重量不大的中、小型减速器，也允许用箱盖上的吊耳、吊环等来起吊整台减速器。

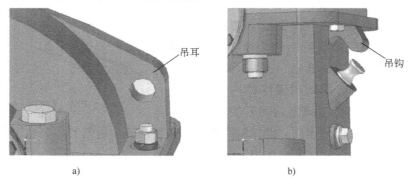

a)　　　　　　　　　　　　　　　　b)

图 7-6　吊耳和吊钩
a）吊耳　b）吊钩

7.2　预习作业

1. 为什么将齿轮减速器的箱体沿轴线平面做成剖分式结构？

2. 起盖螺钉的作用是什么？与普通螺钉结构有什么不同？

3. 为什么箱体上的螺栓连接处均做成凸台或沉孔？

4. 如果箱盖、箱座上不设置定位销的话会产生什么样的严重后果？为什么？

5. 铸造成形的箱体最小壁厚是多少？如何减轻其重量及表面加工面积？

6. 减速器箱体上有哪些附件？安装位置有何要求？

7.3　实验目的

1）熟悉减速箱的基本结构，了解常用减速箱的用途及特点。
2）了解减速箱各组成零件的结构及功用，并分析其结构工艺性。
3）了解减速器中各零件的定位方式、装配顺序及拆卸的方法和步骤。
4）了解轴承及其间隙的调整方法、密封装置等。
5）学习减速箱的主要参数测定方法。
6）观察齿轮、轴承的润滑方式。
7）熟悉减速器附件及其结构、功能和安装位置。

7.4　实验设备及工具

1）单级圆柱齿轮减速器。
2）二级圆柱齿轮减速器。
3）二级圆柱、锥齿轮减速器。

4）单级蜗杆减速器。

5）拆装工具：活扳手、套筒扳手、锤子、螺钉旋具等。

6）测量工具：内、外卡钳，游标卡尺，钢直尺等。

7）学生自备铅笔、橡皮、三角板、草稿纸等。

7.5　实验内容

1）通过观察，了解箱体的结构特点、零件之间的连接方式等。

2）观察、了解减速器附件的用途、结构和安装位置。

3）确定拆卸的方法与步骤，将减速器中各零件进行拆卸。

4）观察齿轮的轴向固定方式及安装顺序。

5）测量减速器中齿轮的中心距，箱盖、箱座凸缘的厚度，肋板厚度，齿轮端面（蜗轮轮毂）与箱体内壁的距离，大齿轮顶圆（蜗轮外圆）与箱壁之间的距离，轴承内端面至内壁之间的距离等。

6）了解轴承的组合结构以及轴承的拆、装、固定和轴向游隙的调整；了解轴承的润滑方式和密封装置。

7）将减速器装配完整。

8）完成实验报告。

7.6　实验方法及步骤

1. 打开减速器前，观察减速器的外部结构

1）了解减速器的名称、类型、代号、使用场合、总减速比（注意铭牌内容）。

2）了解减速器的结构形式（单级、二级或三级；展开式、分流式或同轴式；卧式或立式；圆柱齿轮、锥齿轮或蜗杆减速器）。

3）了解箱体上附件的结构形式、布置及其功用，注意观察下列各附件：观察孔、观察孔盖板、通气器、吊耳、吊钩、油标尺、放油螺塞、定位销、起盖螺钉等。

4）观察螺栓凸台位置（并注意扳手空间是否合理）、轴承座加强肋的位置及结构、减速器箱体的铸造工艺特点以及加工方法等。

2. 打开观察孔盖，转动高速轴，观察齿轮的啮合情况

用手来回转动减速器的输入、输出轴，体会轴向窜动，手感齿轮啮合的侧隙。

3. 按下列次序打开减速器，取下的零件按次序放好，便于装配、避免丢失

1）观察定位销所在的位置，取出定位销；

2）拧下轴承端盖螺钉，取下端盖及调整垫片。卸下箱盖与箱座连接螺栓。

3）用起盖螺钉将箱盖与箱体分离。利用起吊装置取下箱盖，并翻转180°在旁放置平稳，以免损坏结合面。

4. 观察箱体内轴及轴系零件的结构情况，画出传动示意图

1）所用轴承类型（记录轴承型号），轴和轴承的布置情况。

2）轴和轴承的轴向固定方式，轴向游隙的调整方法。

3）齿轮（或锥齿轮或蜗轮）和轴承的润滑方式，在箱体的剖分面上是否有输油沟或回油沟。

4）外伸部位的密封方式（外密封），轴承内端面处的密封方式（内密封）。

思考如下问题：

箱盖与箱座接触面上为什么没有密封垫片？它是如何解决密封的？若箱盖、箱座的分箱面上有输油沟，则箱盖应采取怎样的相应结构才能使飞溅到箱体内壁上的油流入箱座上的输油沟中？输油沟有几种加工方法？加工方法不同时，油沟的形状有何异同？为了使润滑油经输油沟后进入轴承，轴承盖的结构应如何设计？轴承在轴承座上的安放位置离箱体内壁有多大距离？当采用不同的润滑方式时距离应如何确定？在何种条件下滚动轴承的内侧要用挡油环或封油环？其作用原理、构造和安装位置如何？观察箱内零件间有无干涉现象，并观察结构中是如何防止和调整零件间相互干涉的。

5. 装拆轴上零件，并按取下零件的顺序依次放好

1）详细观察齿轮、轴承、挡油环等零件的结构，分析轴上零件的轴向、周向定位方法。

2）了解轴的结构，注意下列轴的各结构要素的形式及功用：轴头、轴颈、轴身、轴肩、轴肩圆角、轴环、倒角、键槽、螺纹、退刀槽、砂轮越程槽、配合面、非配合面等。

3）测量阶梯轴的各段直径和长度。

4）绘出一根轴及轴上零件的结构草图（要求：大致符合比例、包含尺寸）。

思考如下问题：

各级传动轴为什么要设计成阶梯轴而不设计成光轴？设计阶梯轴时应考虑什么问题？观察轴上大、小齿轮结构，了解在大齿轮上为什么要设计工艺孔？其目的是什么？采用直齿圆柱齿轮或斜齿圆柱齿轮传动，各有什么特点？其轴承在选择时应考虑什么问题？观察输入轴、输出轴的伸出端与端盖采用什么形式的密封结构？

6. 利用钢直尺、卡尺等简单工具，测量箱体及主要零部件的相关参数与尺寸

将下列测量结果记录在实验报告相应的表格中：

1）测出各齿轮的齿数，求出各级分传动比及总传动比。

2）测出中心距，并根据公式计算出齿轮的模数，斜齿轮螺旋角的大小。

3）测量各齿轮的齿宽，算出齿宽系数；观察并考虑大、小齿轮的齿宽是否应完全相等。

4）测出齿轮与箱壁间的距离。

5）测量各螺栓、螺钉直径，根据实验报告的要求测量其他相关尺寸，并记录在表 7-2 中。

7. 按先内后外的顺序将减速器装配好

1）将轴上零件依次装配好并放入箱座中。

2）装上轴承端盖并将其螺钉拧入箱座（注意不要拧紧）。

3）装好箱盖（先旋回起盖螺钉再合箱），打入定位销。

4）旋入箱盖上的轴承端盖螺钉（也不要拧紧）。

5）装入箱盖与箱座连接螺栓并拧紧，拧紧轴承端盖螺钉。

6）装好放油螺塞、观察孔盖等附件。

7）用手转动输入轴，检查减速器转动是否灵活，若有故障应给予排除。

8. 整理工具，经指导老师检查后，才能离开实验室。

7.7　实验小结

1. 注意事项

1）切勿盲目拆装，拆卸前要仔细观察零部件的结构及位置，考虑好合理的拆装顺序，拆下的零部件要妥善放置，以免丢失。

2）拆装过程中要互相配合与关照，做到轻拿轻放零件，以防砸伤手脚。

3）注意保护拆开的箱盖、箱座的结合面，防止碰坏或擦伤。

4）可拆可不拆的零件尽量不拆卸。

2. 常见问题

1）在拆卸过程中，学生常用锤子或其他工具直接砸击难拆卸的零件，易造成零件变形、损坏，此时应小心仔细拆卸。

2）在减速器箱体尺寸测量过程中，因分辨不清箱体上某些部位的名称术语，导致测量结果错误。

7.8　工程实践

减速器是在原动机和工作机械或执行机构之间起降低转速、传递动力、增大转矩的一种独立的传动装置，在现代机械中应用极为广泛。减速器按用途可分为通用减速器和专用减速器两大类。减速器主要由传动零件、轴、轴承、箱体、附件等组成。

选用减速器时应根据工作机械的选用条件，技术参数，动力机械的性能，经济性等因素，比较不同类型、品种减速器的外廓尺寸、传动效率、承载能力、质量、价格等，选择出最适合的减速器。

1. 直升机动力传动齿轮减速器

直升机（图 7-7）是一种以动力装置驱动的旋翼作为主要升力和推进力来源，能垂直起落及前后、左右飞行的旋翼航空器。直升机主要由机体和升力（含旋翼和尾桨）、动力、传动三大系统以及机载飞行设备等组成。旋翼一般由蜗轮轴发动机或活塞式发动机通过由传动轴及减速器等组成的机械传动系统来驱动，也可由桨尖喷气产生的反作用力来驱动。当前实际应用的是机械驱动式的单旋翼直升机及双旋翼直升机。

单旋翼直升机的主发动机同时也输出动力至尾部的小螺旋桨，机载陀螺仪能侦测直升机回转角度并反馈至尾桨，通过调整小螺旋桨的螺距可以抵消大螺旋桨产生的不同转速下的反作用力。双旋翼直升机通常采用旋翼相对反转的方式来抵消旋翼产生的不平衡升力。直升机的突出特点是可以做低空、低速和机头方向不变的机动飞行，特别是可在小面积场地垂直起降，这些特点使其在军用和民用方面具有广阔的应用及发展前景。

图 7-7 直升机

齿轮减速器仍然是直升机动力传动系统的重要组成部分，尤其是在旋翼传动系统中作用更为突出。无论是单旋翼还是双旋翼直升机，发动机动力输入方向与旋翼、尾桨的动力输出方向不同。另外由于航空发动机普遍具有大功率、高转速的特点，而旋翼转速只能限制在低转速，所以为了实现改变转矩方向并增扭减速以及达到高传动比、高效率的目的，动力传动系统普遍采用了弧齿锥齿轮、行星齿轮以及常用的直齿和斜齿轮。

直升机传动系统的作用是将发动机的功率和转速按需要分别传给主旋翼、尾桨和各个附件，是功率传递的主要途径。通常包括发动机减速器、主减速器、中间减速器、尾减速器、旋翼、附件和传动轴系组成，传动系统的性能和可靠性直接影响直升机的性能和可靠性能。

发动机减速器位于发动机头部，是传递发动机功率、增大扭矩的重要部件，一般由多级斜齿轮或斜齿轮与行星齿轮组成；主减速器是传动系统的核心，其作用是将一台或多台发动机功率合并在一起并按需要分别传给主旋翼、尾桨和各个附件，以保证直升机正常工作，特点是传递功率大、减速比大；中间减速器是直升机传动系统组成部分之一，它的主要作用是改变运动方向，同时也可以改变转速；尾减速器的作用是将来自于主减速器、中间减速器或发动机的功率按所需转速提供给尾桨，以平衡直升机主旋翼的反作用力矩，保证直升机各种飞行姿态。

（1）锥齿轮减速 在直升机上，发动机一般按输出轴近似水平方向安装，而主旋翼轴都是垂直方向输出，所以主减速器必须将水平方向输入的运动改变成垂直方向的输出运动。尾输出传动及其他某些附件也需要改变其运动方向。因此这些减速器内必须有锥齿轮传动，常常是有几对锥齿轮传动。而且在并车机构中也经常采用锥齿轮传动。

正是由于弧齿锥齿轮具有重合度大、传动平稳、承载能力高、传动比大等优点，所以在蜗轮轴发动机和直升机旋翼（尾桨）减速装置中得到了广泛应用。

（2）行星齿轮减速 行星齿轮传动把定轴线传动改为动轴线传动，采用功率分流，用数个行星轮同时承受载荷，合理应用内啮合并采用合理的均载装置，使行星齿轮传动具有效率高、体积小、重量轻、结构紧凑、传递功率大、负载能力高、传动比范围大等特点，广泛应用于需要大减速比但空间较小的主减速装置中。一般用于传动链的最后级，输出为旋翼。

直升机主减速器多采用差动行星轮系传动，当传动比和功率相同时，结构紧凑、体积和重量都有大幅度减小，多用于中、重型直升机。

随着国家高新技术及信息产业的发展，直升机减速及齿轮技术也将顺应趋势，向高承载力、高齿面硬度、高精度、高速度、高可靠性、高传动效率、低噪声、低成本、标准化、多样化等方面发展。

2. 抹光机少齿差减速器

混凝土抹光机又叫抹平机，是一种对混凝土表面进行粗、精抹光的机器，如图 7-8 所示。通过汽油机或者电动机驱动抹刀转子，在转子端部连接旋转底面上装有 2～4 片抹刀，通过抹刀片的转动对平面进行抹光，抹刀倾斜方向与转子旋转方向一致。抹光机分为电动抹光机和汽油抹光机两种。电动抹光机要用电动机接 380V 的三相电源作为动力，汽油抹光机需要有发动机作为动力。

相对于人工施工而言，经过抹光机施工的表面更光滑、更平整，能极大提高混凝土表面的密实性及耐磨性，并且工作效率可提高 10 倍以上。抹光机可广泛用于高标准厂房、仓库、停车场、广场、机场以及框架式楼房表面的提浆、抹平、抹光，是混凝土施工中的首选工具。

图 7-8　混凝土抹光机

抹光机驱动电动机的输出转速为 1400 r/min，汽油发动机输出转速为 3000 r/min，而工作旋转底面转速在 150 r/min 以下。目前，主流减速装置采用蜗轮蜗杆传动和摆线针轮传动。前者轮齿间是滑动摩擦，传动效率低，连续作业时散热条件差，寿命短；后者主要缺点是摆线轮产生径向分力较大，输入转速必须低于 1500 r/min，且不适用于汽油发动机，同时后者制造成本也比较高。因此，根据混凝土抹光机对减速装置的要求，提出将少齿差减速器应用于抹光机中，并与已有抹光机减速装置进行比较，说明少齿差行星减速器应用在该领域有较大的优势。

少齿差传动是行星齿轮传动中的一种，由一个外齿轮与一个内齿轮组成一对内啮合齿轮副，内、外齿轮的齿数相差很少，故称为少齿差行星齿轮传动。此类传动结构紧凑，运转平稳，噪声小，传动比范围大，承载能力大，结构形式多，应用广泛。

（1）传动系统运动分析　少齿差传动多用于减速场合。少齿差行星齿轮减速器传动比为 10 ~ 100，在允许效率较低的情况下，传动比可以达到几百甚至几千。抹光机的传动比要求为 10 ~ 40，完全在该行星减速器传动比范围内。

蜗杆传动是抹光机较常用的传动形式。蜗杆的传动比通常在 80 以内，而且与蜗杆头数和蜗轮齿数有关。蜗杆头数越多，传动比越小。为了提高传动比，蜗杆头数应尽量取小。但是蜗杆头数的减少将使导程角变小，当导程角小于当量摩擦角后，蜗杆机构将产生自锁，效率将很低。所以在实际应用中蜗杆头数与传动比都有一定的范围限制。

摆线针轮减速器的传动比较大，但这种减速器输入转速不能过高，无法适用输入转速为 3000 r/min 的场合，汽油发动机做动力源时将无能为力。

通过分析对比可知，三种减速器都能满足抹光机传动系统传动比的要求，但少齿差行星轮机构传动比范围大，能够适应不同的输入转速，可满足机器对传动机构的更高要求。

（2）性价比　在安装结构方面，蜗轮蜗杆要改变传动方向，输入输出轴一般都呈 90°交角，所以现有抹光机动力装置一般都是卧式结构。也有部分是立式电动机驱动的，采用摆线针轮机构取代蜗杆机构。但摆线针轮机构加工制造工艺较复杂，导致整台机器制造成本增加，性价比不高。少齿差行星减速器加工方法简单，可在一般齿轮机床上完成主要零件加工，成本不高。

在润滑方面，蜗杆机构要求较高，如果润滑不良，传动效率将显著降低，箱体油温升高，润滑失效，轮齿磨损加剧，因此一般采用油池润滑，而且需要定期换油。摆线针轮减速器也是采用油润滑，连续工作时，每半年更换一次润滑油。行星轮机构可以采用脂润滑，一般无需更换润滑脂。

（3）结论　通过对少齿差行星齿轮机构、蜗杆机构以及摆线针轮减速器在传动系统运动、性价比等方面进行对比分析，结果表明少齿差减速器适合现有抹光机对减速器的要求，其综合性能优于现有的减速器设备，值得进一步推广应用。

附：各类减速器外形图（图 7-9 ~ 图 7-14）

图 7-9　单级圆柱齿轮减速器　　　　　　　　　图 7-10　二级展开式圆柱齿轮减速器

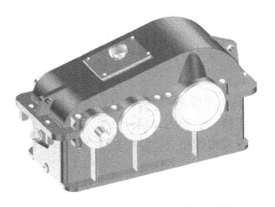

图 7-11　二级分流式圆柱齿轮减速器

图 7-12　二级同轴式圆柱齿轮减速器

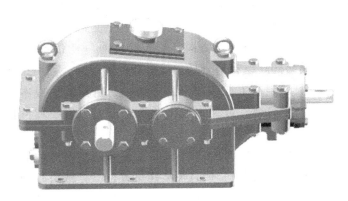

图 7-13　二级圆柱、锥齿轮减速器

图 7-14　单级蜗杆减速器

实验报告七

实验名称：＿＿＿＿＿＿＿＿＿＿＿　　　实验日期：＿＿＿＿＿＿＿＿＿＿＿

班级：＿＿＿＿＿＿＿＿＿＿＿＿＿　　　姓名：＿＿＿＿＿＿＿＿＿＿＿＿＿

学号：＿＿＿＿＿＿＿＿＿＿＿＿＿　　　同组实验者：＿＿＿＿＿＿＿＿＿＿＿

实验成绩：＿＿＿＿＿＿＿＿＿＿＿　　　指导教师：＿＿＿＿＿＿＿＿＿＿＿

（一）实验目的

（二）实验设备

（三）实验结果（填入表 7-2 ~ 表 7-4）

表 7-2　减速器箱体尺寸测量结果

序号	名　称	符号	尺寸/mm	
			齿轮减速器	蜗杆减速器
1	地脚螺栓孔直径	d_f		
2	轴承旁连接螺栓直径	d_1		
3	凸缘连接螺栓直径	d_2		
4	轴承端盖螺钉直径	d_3		
5	观察孔盖板螺钉直径	d_4		
6	箱座壁厚	δ		
7	箱盖壁厚	δ_1		
8	箱座凸缘厚度	b		
9	箱盖凸缘厚度	b_1		
10	箱座底部凸缘厚度	b_2		
11	轴承旁凸台高度	h		
12	箱体外壁至轴承座端面距离	l_1		
13	大齿轮顶圆到箱体内壁距离	Δ_1		

（续）

序号	名　　称	符号	尺寸/mm	
			齿轮减速器	蜗杆减速器
14	轴承端面到箱体内壁距离	l_2		
15	箱盖肋板厚度	m_1		
16	箱座肋板厚度	m		
17	箱体外旋转零件至轴承盖 外端面（或螺钉头顶面）的距离	l_4		

表7-3　减速器的主要参数

齿　　轮		小齿轮		大齿轮	
齿数	高速级	$Z_1 =$		$Z_2 =$	
	低速级	$Z_3 =$		$Z_4 =$	
传动比 $i = i_1 i_2$		高速级 i_1	低速级 i_2	总传动比 i	
模数 m（m_n）/mm		高速级		低速级	
齿宽 b/mm 及齿宽 系数 ϕ_d		高速级		低速级	
		小齿轮 $b =$	大齿轮 $b =$　$\phi_d =$	小齿轮 $b =$	大齿轮 $b =$　$\phi_d =$
轴		第一根轴	第二根轴	第三根轴	
轴承	型　　号				
	安装方式				

表7-4　主要零部件功能

名　　称	功　　能
通气器	
起盖螺钉	
油标尺	
放油螺塞	
定位销	
起吊装置	

（四）画出你所拆装的减速器传动示意图

（五）画出轴系部件的结构草图（任意一根轴）

（六）思考问答题

1. 轴承座孔两侧的凸台为什么比箱盖与箱座的连接凸缘高？凸台高度如何确定？

2. 你所拆卸的减速器中，箱体的剖分面上有无油沟？轴承用何种方式润滑？如何防止箱体的润滑油混入轴承中？

3. 扳手空间如何考虑？箱盖与箱座的连接螺栓处及地脚螺栓处的凸缘宽度主要是由什么因素决定的？

4. 箱盖上设有吊耳，为什么箱座上还有吊钩？箱盖上的吊耳与箱座上的吊钩有何不同？

5. 拆卸的减速器中，轴各处的轴肩高度是否相同？为什么？

6. 箱体、箱盖上为什么要设计加强肋？加强肋有什么作用？如何布置？

7. 有的轴承内侧装有挡油环，有的没有，为什么？

8. 你所拆卸的减速器中，中间轴上两斜齿轮的倾斜方向是否相同？为什么？齿轮是采用浸油润滑还是喷油润滑？各有什么优、缺点？齿顶圆到油池底的距离为何不应小于30mm？

（七）实验心得、建议和探索

第8章 机械传动性能综合实验

8.1 概述

机械传动装置位于原动机和工作机之间，用以传递运动和动力或改变运动形式。传动装置方案设计是否合理，对整个机械的工作性能、尺寸、重量和成本等影响很大。因此，传动方案设计是整个机械设计中最关键的环节。

1. 传动方案要求

合理的传动方案，首先应满足工作机械的性能要求，其次还应满足工作可靠、传动效率高、结构简单、尺寸紧凑、成本低廉、工艺性好、使用和维护方便等要求。任何一个方案，要满足上述所有要求是十分困难的，要统筹兼顾，满足最主要的和最基本的要求。

2. 拟订传动方案

在机器及机械设备设计中，为了实现设计的功能与成本最优化，或为满足同一工作机械的机械性能要求，往往可采用不同的传动机构、不同的组合和布局来完成运动形式、参数、力或力矩大小的转变，从而得出不同的传动方案。拟订传动方案时，应充分了解各种传动机构的性能及其适用条件，结合工作机械所传递的载荷性质和大小、运动方式和速度以及工作条件等，对各种传动方案进行比较，合理地选择。

通常原动机的转速与工作机的输出转速相差较大，常在它们之间采用多级传动机构来减速。对于多级传动，必须正确而合理地选择有关的传动机构及其排列顺序，以充分发挥各传动机构的优点。下面列举几种常用传动方式的特点，供拟订传动方案时参考。

（1）齿轮传动　齿轮传动具有承载能力大、效率高、速度高、尺寸紧凑、寿命长等优点，因此在传动装置中一般应首先采用齿轮传动。由于斜齿圆柱齿轮传动的承载能力和平稳性比直齿圆柱齿轮传动好，故在高速级或要求传动平稳的场合，常采用斜齿圆柱齿轮传动。开式齿轮传动由于润滑条件和工作环境恶劣，磨损快、寿命短，故应将其布置在低速级。对于锥齿轮传动，当其结构尺寸太大时，加工较困难，因此应将其布置在高速级，并限制其传动比，以控制其结构尺寸。

（2）蜗杆传动　蜗杆传动具有传动比大、结构紧凑、工作平稳等优点。但其传动效率低，尤其在低速时，其效率更低，且蜗轮尺寸大、成本高。因此，它通常用于中小功率、间断工作或要求自锁的场合。为了提高传动效率、减小结构尺寸，通常将其布置在高速级。

（3）带传动　带传动具有传动平稳、吸振等特点，且能起过载保护作用。但由于它是靠摩擦力来工作的，在传递同样功率的条件下，当带速较低时，传动结构尺寸较大。为了减小带传动的结构尺寸，应将其布置在高速级。

（4）链传动　由于工作时链速和瞬时传动比呈周期性变化，运动不均匀，冲击振动大，因此为了减小振动和冲击，应将其布置在低速级。

根据以上各种传动机构的特点，实验时可拟订几种传动方案进行测定和比较，从中选择合理的方案。

机械传动的运动学与动力学参数测试原理与方法是机械科学与技术人员必须掌握的基本能力。机械传动综合实验将以典型机械传动为对象研究机械传动的组成、结构、运动学与动力学参数测试原理与技术，即主要解决机械传动的总体设计问题。

另一方面，传动系统还要把原动机输出的功率和转矩传递到执行构件上去，使它能够克服阻力而做功，因此，传动效率是一个重要的选择依据。在传动链中可采用不同形式的机械传动来实现要求的功能，每种传动的传动效率是衡量该传动的能量损耗的指标参数，而能量损耗对机械的成本与机器中零件的寿命有决定性的影响。因此掌握机械传动的效率测试方法是机械设计人员的基本技能。

本实验不仅可以对单一机械传动形式进行传动效率的测定，更重要的是可以通过对这些传动装置的装配搭接，设计出各种形式的多级传动系统，如带—齿轮传动、齿轮—链传动、带—链传动、带—齿轮—链传动等传动系统，并在不同的载荷和转速下对传动系统的综合传动效率进行测试分析。实验台采用模块化结构，学生可以自己设计实验方案，并根据自己的实验方案进行传动连接，安装调试和测试，从而培养学生分析问题、解决问题与创新设计的能力。

8.2　预习作业

1. 一般情况下，由带传动、链传动等组成的多级机械传动系统中，带传动、链传动如何布置更合理？为什么？

2. 啮合传动的各种传动类型各有什么特点？

3. 影响机械传动系统效率的因素有哪些？可以采用哪些措施来提高机械传动的效率？

4. 多级机械传动系统方案设计时，应考虑的因素有哪些？一般情况下宜采用何种方案？

8.3　实验目的

1）掌握机械传动合理布置的基本要求和机械传动方案设计的一般方法，加深对常见机械传动性能的认识和理解，并根据给定的条件进行机械系统方案设计，组装成机械传动装置。通过实验，了解机械传动方案设计的多样性，对多种可行方案进行比较、评价，从而确定最佳传动方案。

2）对机械系统进行运动分析、动力分析及装配方案分析。通过对常见机械传动装置（如带传动、链传动、齿轮传动、蜗杆传动等）及常见机械传动组成的不同传动系统，在传递运动与动力过程中的参数曲线（速度曲线、转矩曲线、传动比曲线、功率曲线及效率曲线等）的测试与分析，加深对常见机械传动性能的认识和理解，掌握机械传动合理布置的基本要求，提高机械设计能力。

3）培养学生根据机械传动实验任务进行自主实验的能力，通过实验认识智能化机械传动性能综合测试实验台的工作原理，掌握计算机辅助实验的方法，提高进行设计型实验与创新型实验的能力。

8.4　实验设备及工作原理

本实验采用的是 ZJS50 系列综合设计型机械设计实验台。该实验台是一种模块化、多功能、开放式具有工程背景的新型机械设计综合实验装置。学生可根据选择或设计的实验类型、方案和内容，自己动手进行传动连接、安装调试和测试，进行设计型实验、综合型实验或创新型实验。

实验台由种类齐全的动力模块、传动模块支承连接及调节模块、加载模块、测试模块、工具模块及数据处理模块搭接而成，另外还有相应的测试实验软件支持。其系统总体结构及工作原理如图 8-1 所示。

1. 动力库

动力库为变频调速电动机。

2. 被测传动库

被测传动库是典型的机械传动装置，如带传动、链传动、齿轮传动、蜗杆传动等，实验时在实验台的安装平板底座上，通过对

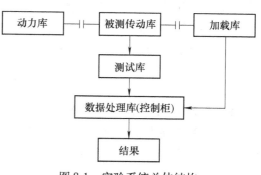

图 8-1　实验系统总体结构

这些传动装置的装配搭接，设计出各种形式的单级传动或多级传动系统，如带—齿轮传动、齿轮—链传动、带—链传动、带—齿轮—链传动等传动系统。

3. 测试库

测试库为 JC0、JC1A 型转矩转速传感器，JX-1A 转矩转速功率测量仪用来拾取输入轴的转矩、转速，输出轴的转矩、转速，再在软件部分按下式计算出机械传动当时的效率

$$\eta = \frac{T_0 \omega_0}{T_i \omega_i}$$

式中　T_0、ω_0——输出轴的转矩与角速度；

　　　T_i、ω_i——输入轴的转矩与角速度。

转矩传感器主要由扭力轴、磁检测器、转筒和壳体四部分组成。磁检测器包括配对的两组内、外齿轮，永久磁钢和感应线圈。外齿轮安装在扭力轴测量段的两端；内轮装在卷筒内，和外齿轮相对；永久磁钢紧接内齿轮安装在卷筒内。永久磁钢、内外齿轮构成环形闭合磁路，感应线圈固定在壳体的两端盖内。在驱动电动机带动下，内齿轮随同转筒旋转。

内外齿轮是变位齿轮，并不啮合，齿顶留有工作气隙。内外齿轮的齿顶相对时气隙最窄；齿顶和齿槽相对时气隙最大。内外齿轮在相对旋转运动时，齿顶与齿槽交替相对，相对转动一个齿位时，工作气隙发生一个周期的变化，磁路的磁阻和磁通随之相应作周期变化，因此检测线圈中感应近似正弦波的电压信号，信号电压瞬时值的变化和内外齿轮的相对位置的变化是一致的。

如果两组检测器的齿轮的投影互相重合时，两组电压信号的相位差为零。安装时，两个内齿轮的投影是重合的。而扭力轴上的两个外齿轮是按错动半个齿安装的。因此，两个电压信号具有半个周期的相位差，即初始相位差为180°。若齿轮为120齿，分度角为3°，则相位差角为180°，相应外齿轮错动1.5°。

当扭力轴受到扭矩作用时，产生扭角 β，两个外齿轮的错位角变为 1.5° $\pm \beta$，两个电压信号的相差角相应变为：$\alpha = 120 \times (1.5° \pm \beta) = 180° \pm 120\beta$。

扭角和扭矩是成正比例的，因此扭角的变化和扭矩成正比，即相位差角的变化 $\Delta\alpha$（°）和扭矩 M（N·m）有如下关系

$$\Delta\alpha = \alpha - \Delta\alpha = \pm 120\beta = 120K_1 M = KM$$

式中　K_1——相位差角和扭矩的比例系数；

　　　"$\pm$"——转动方向。

设扭力轴测量段的直径为 d，长度为 L，扭力轴材料的剪切弹性模量为 G，则

$$K_1 = \frac{32L}{\pi d G}$$

将传感器的两个电压信号输入到 JX-1A 效率仪，经过仪表将电压信号进行放大、整形、检相、变换成计数脉冲，然后计数和显示，便可直接读出扭矩和转速的测量结果。传感器适用于环境温度 0～55℃，以及相对湿度不超过90%的条件下工作，具体参数见表8-1。

表 8-1　传感器参数

型号	额定转矩/N·m	转速范围/（r/min）	单只联轴器重量/kg（≤）
JCO	20	0~10000	0.5
JC1A	50	0~6000	1.5

4. 加载库

本实验系统采用 CZ-5 型磁粉制动器来加载扭矩载荷。磁粉制动（加载）器是根据电磁原理和利用磁粉来传递转矩的，它具有激磁电流和传递转矩基本成线性关系的特性，在同滑差无关的情况下能够传递一定的转矩，响应速度快、结构简单，是一种多用途、性能优越的自动控制元件。它广泛应用于各种机械中不同目的的制动、加载及卷绕系统中放卷张力控制等。

CZ-5 型磁粉制动器的激磁电流与转矩基本成线性关系，通过调节激磁电流可以控制力矩的大小，其特性如图 8-2a 所示。制动力矩与转速无关，保持定值。静力矩和动力矩没有差别，其特性如图 8-2b 所示。

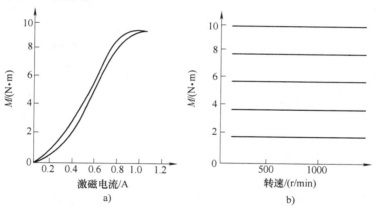

图 8-2　磁粉加载器特性

在散热条件一定时，磁粉加载器的滑差效率是定值。因此滑差功率确定后，力矩与转速允许相互补偿。例如，转速高，则允许力矩减小，其特性如图 8-3 所示。但最高转速一般不高于额定状态下转速的 2 倍。

磁粉加载器用直流电作激磁电源，WLK-1 型稳流电源是其专配的电源。磁粉加载器在运输过程中，常使磁粉聚集到某处，有时甚至会出现"卡死"现象，此时只要将制动器整体翻动，使磁粉松散开来，或用杠杆撬动，同时在使用前进行磨合运转，并先通过

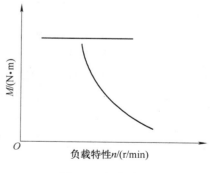

图 8-3　负载特性

20% 左右的额定电流运转几秒后断电再通电，反复几次。磁粉加载器运转后通水。磁粉加载器有允许的最大加载力矩，在实验中，注意不要超过最大加载力矩。磁粉加载器的常见故障分析见表 8-2。

5. 数据处理库

数据处理库为计算机软件处理系统。

表 8-2　常见故障分析

序号	出现状况	产生原因	排除方法
1	正常工作状态下力矩很不稳定	1. 磁粉经异常高温引起部分结疤 2. 部分工作表面啃伤	1. 将原腔磁粉筛选再增加些新磁粉，达到规定重量 2. 修光工作表面
2	在额定激磁电流下滑差力矩降到 70% 以下	1. 磁粉经长时间使用后接近老化 2. 磁粉经异常高温部分烧伤，失去功能	更换新粉
3	在额定激磁电流下，力矩不随电流增大而增大	1. 水冷却磁粉加载器时，水进入工作面，磁粉不能磁化 2. 磁粉失去功能	1. 更换密封圈，将湿粉烘干 2. 更换新粉
4	在额定激磁电流下运行，转子突然被卡死	工作间隙中，大量结疤聚集，引起了过盈	打磨工作面，并更换新粉
5	调节稳流电源电位器，无力矩输出	1. 线圈断路 2. 稳流电源无电流输出	1. 更换线圈 2. 更换或修理稳流电源
6	水盖下方滴水孔漏水	旋转水封磨损	更换水封，注意不能堵塞滴水孔

8.5　机械传动装置设计题目

表 8-3 所示为机械传动装置设计题目，学生可根据需求进行选择，确定机械传动方案。

表 8-3　机械传动装置设计题目

序号	工作机械	工作条件及要求	总传动比	设计要求
1	带式输送机	用于自动生产线，室内工作，单向运转，工作有轻微振动	≈50	传动比准确，总效率高
2	卷扬机	将砖、砂石等物料提升到一定高度	40~60	传动链短，有自锁功能
3	混砂机	室外工作，单向运转，载荷变动小	<50	不采用蜗杆传动，总效率较高
4	螺旋输送机	将砂、灰、谷物、煤粉等散状物料进行输送，室外工作，单向运转，载荷较平稳	≈60	不采用蜗杆传动

8.6　实验步骤

1）认真阅读实验指导书和实验设备使用说明书和软件使用说明书，熟悉实验设备的基本组成和主要工作原理。

2）根据工作要求设计机械传动方案。

3）按照机械传动方案搭接机械传动装置。

4）测试运动与动力参数，并进行运动分析、动力分析及装配方案分析。

5）改变电动机转速再一次测试运动与动力参数，并与上次测试结果对比分析。

6）记录实验结果。

7）测试完毕要及时卸载，关闭主电动机。

8）打印相关曲线，完成实验报告。

8.7 实验小结

1. 注意事项

1）开动电动机前，要先检查实验装置，包括线路连接、装置搭接的正确与可靠。

2）实验数据测试前，应对测试设备进行调零。调零时，应将传感器负载侧联轴器脱开，起动电动机，调节 JX-1A 效率仪的零点，以保证测量精度。

3）在施加实验载荷前，应将用于水冷却的水源打开；实验结束后，应卸去载荷，关闭水源。

4）在施加实验载荷时，应平稳旋动 WLY－1A 稳流电源的激磁旋钮，并注意输入传感器的最大转矩，不应超过其额定值的 20%。

5）无论做何种实验，均应先起动电动机，后加载荷。严禁先加载后开机。

6）测试时，应按测试系统软件操作。严禁删除计算机内的文件。

7）带轮、链轮与轴连接要采用新型紧定锥套结构，装拆方便、快捷，安装时应保证固定可靠；拆卸时应用螺钉拧入顶出孔，顶出锥套。

2. 常见问题

1）在实验过程中，若电动机转速突然下降或出现不正常的噪声和振动时，必须卸载或紧急停车（关掉电源开关），以防电动机转速突然过高，烧坏电动机、电器及发生其他意外事故。

2）在有带、链的实验装置中，若将压轴力直接作用于传感器上，会影响测试精度，此时一定要安装本实验台配置的专用轴承座。

3）测试时，加载一定要平衡缓慢，否则将影响采样的测试精度。

4）如果测试结果误差较大，应检查实验装置安装是否正确，转速转矩器调零是否正确。

8.8 工程实践

机械传动系统是绝大多数机器中不可或缺的重要组成部分。传动系统是把原动机的运动形式、运动及动力参数转变为执行部分所需要的运动形式、运动及动力参数的中间传动装置。机器的工作性能在很大程度上取决于传动装置的优劣。

传动机构的类型很多，常用的机械传动有带传动、链传动、齿轮传动和蜗杆传动等。选择不同类型的传动机构，将会得到不同形式的传动系统方案。为了获得理想的传动方案，应根据主要性能指标合理选择传动机构类型，并进行合理的搭接。

在进行机械传动系统方案设计时，通常可根据设计要求拟定出多种设计方案，最终通过分析比较提供最优的方案。只有掌握机械传动的设计特点，才能使设计出的方案通过科学的评价。

1. 数控机床机械传动系统设计

数控机床（图 8-4）是数字控制机床的简称，是一种装有程序控制系统的自动化机床。数控机床的操作和监控全部在这个数控单元中完成，它是数控机床的大脑。该控制系统能够逻辑地处理具有控制编码或其他符号指令规定的程序，并将其译码，用代码化的数字表示，通过信息载体输入数控装置。经运算处理由数控装置发出各种控制信号，控制机床的动作，按图样要求的形状和尺寸，自动地将零件加工出来。数控机床较好地解决了复杂、精密、小批量、多品种的零件加工问题，是一种柔性的、高效能的自动化机床，代表了现代机床控制技术的发展方向，是一种典型的机电一体化产品。高速、精密、复合、智能和绿色是数控机床技术发展的总趋势。

（1）主传动系统的组成　　主传动系统一般由动力源（如电动机）、变速装置、执行部件（如主轴、刀架、工作台），以及开停、换向和制动机构等部分组成。动力源为执行件提供动力，并使其得到一定的运动速度和方向；变速装置传递动力并可变换运动速度；执行件执行机床所需的旋转或直线运动。开停机构用来实现机床主轴的起动和停止；换向机构用来变换机床主轴的旋转方向；制动机构用来控制机床主轴迅速地停转，以减少辅助时间。

图 8-4　数控机床

（2）主传动系统的设计要求　　数控机床的主传动系统除应满足普通机床主传动要求外，还需具有以下要求：

1）具有更大的调速范围，并实现无级调速。为保证加工时能选用合理的切削用量，充分发挥刀具的切削性能，从而获得更高的生产率、加工精度和表面质量，数控机床必须具有更高的转速和更大的调速范围。

2）具有较高的精度和刚度、传动平稳、噪声低。数控机床加工精度的提高与主传动系统的刚度密切相关。为此，应提高传动件的制造精度与刚度，例如齿轮齿面需进行高频感应淬火以提高耐磨性。

3）良好的减振性和热稳定性。数控机床一般既要进行粗加工，又要进行精加工。加工时可能由于断续切削、加工余量不均匀、运动部件不平衡以及切削过程中的自激振动等原因引起冲击力或交变力的干扰，因此在主传动系统中各主要零部件不但要具有一定的静刚度，而且要求具有足够的抑制各种干扰力引起振动的能力——减振性。

（3）数控机床主传动系统的设计　数控机床采用无级变速系统，以便在一定的调速范围内选择出理想的切削速度，这样既有利于提高加工精度，又有利于提高切削效率。

1）主传动采用直流或交流电动机无级调速。数控机床常用变速电动机驱动运动系统，常用的电动机有直流电动机和交流调频电动机两种。目前在中小型数控机床中，交流调频电动机占优势。设计时，必须注意机床主轴与电动机在功率特性方面的匹配。交流调频电动机通常是通过调频进行变速的，一般为笼型感应电动机结构，体积小、转动惯性小、动态响应快；无电刷，因而最高转速不受火花限制；采用全封闭结构，具有空气强冷，保证高转速和较强的超载能力，具有很宽的调速范围。

2）数控机床驱动电动机和主轴功率特性的匹配设计。在设计数控机床主传动时，必须要考虑电动机与机床主轴功率特性匹配问题。由于主轴要求的恒功率变速范围远大于电动机的恒功率变速范围，所以在电动机与主轴之间需串联一个分级变速箱以扩大恒功率调速范围，满足低速大功率切削时对电动机输出功率的要求。

2. 伺服系统机械传动装置设计

伺服机械传动装置是伺服系统的一个组成环节，已广泛应用于各种精密机床和精密仪器工作台的自动定位、数控机床拖板移动、机械手与机器人的运动等。其作用是传递转矩和转速并使伺服电动机和负载之间的转矩与转速得到合理的匹配。

伺服机械传动装置在数控磨床中主要应用于工作台（或拖板）、砂轮架的移动和回转等。传动装置的设计既要考虑强度、刚度，也要考虑精度、惯量、摩擦等因素。目前生产的大型机床拖板移动式数控轧辊磨床和外圆磨床，其拖板的移动、砂轮架的移动及轧辊磨床中高机构的摆动均通过伺服电动机驱动。现以拖板传动链设计为例，介绍传动装置的设计。

（1）传动装置总转速比和伺服电动机型号的选择　伺服机械传动装置的工作情况各不相同，在工作中所受的载荷也多种多样，因此载荷的综合需要视具体情况而定。通常作用在传动装置上的载荷主要有工作载荷、惯性载荷、摩擦载荷等。从伺服电动机到负载的功率传递过程中，总转速比的选择就是转矩和转速的匹配问题。

就拖板而言，伺服机械传动装置的总传动速比一般为降速，其总传动速比的选择既要考虑对系统稳定性、精确性、快速性的影响，也要考虑伺服电动机与负载的最佳匹配问题；选择电动机型号时需按最大切削负载转矩计算出电动机转矩，同时注意电动机的转子惯量应与负载惯量的匹配。

总转速比与电动机的选择可根据负载转矩、功率传递、输出速度等经过多次反复计算来选取。总转速比偏大有利于系统的稳定、低速性能，但偏大会造成传动级数增加、传动不紧凑、传动精度降低等。

（2）传动机构型式的选择　总转速比确定后，就可根据具体的要求选择传动机构配置在驱动元件与负载之间，以实现转矩、转速的匹配。一般拖板及砂轮架运动需要较大的力矩，故选择的总转速比较大。为提高传动精度，选择齿轮传动时级数应尽可能少。以终端输出形式分，通常可采用以下两种机构型式：

1）滚珠丝杠传动。滚珠丝杠传动具有摩擦阻力小、操作轻便灵活、运动平稳、精度高等优点。但滚珠丝杠的制造周期较长，能制造长度长、直径大、精度高的滚珠丝杠的企业较少；另外长度较长的丝杠由本身的自重引起的挠度较大，需要增加丝杠托持机构等，结构会变得复杂。故当机床的精度要求较高、且行程较短时，采用滚珠丝杠比较适宜。

因丝杠传动的摩擦阻力小，故可选传动比较小的减速器，甚至可以不设减速机构而由电动机直接驱动滚珠丝杠，但需选择驱动转矩较大的电动机。

2）齿轮齿条传动。因齿轮齿条之间的间隙在装配时较难消除，故传动精度没有丝杠传动高。但齿轮齿条传动可以不受长度限制，齿条可以根据长度需要拼接，在结构上可简单化。在机床数控轴线精度允许的情况下，选择齿轮齿条传动比较经济。

采用齿轮齿条传动时需要较大的力矩才能驱动拖板，因此需要选择传动比较大的减速器，可采用蜗轮蜗杆或齿轮传动减速。在设计拖板减速器时，为尽可能减少设计环节、提高精度，采用较多的是蜗轮蜗杆减速。

传动装置的设计关系到整台机床的精度、生产效率等。设计人员应根据机床的强度、刚度、精度、机床形式等多种因素合理选择伺服传动装置，从而使设计的产品以最经济实用的方式满足机床要求。

实验报告八

实验名称：＿＿＿＿＿＿＿＿＿＿＿　　　实验日期：＿＿＿＿＿＿＿＿＿＿＿

班级：＿＿＿＿＿＿＿＿＿＿＿　　　　　姓名：＿＿＿＿＿＿＿＿＿＿＿

学号：＿＿＿＿＿＿＿＿＿＿＿　　　　　同组实验者：＿＿＿＿＿＿＿＿＿

实验成绩：＿＿＿＿＿＿＿＿＿　　　　　指导教师：＿＿＿＿＿＿＿＿＿＿

（一）实验目的

（二）实验设备及主要参数

（三）设计题目及传动方案

（四）实验测试数据（要求每组打印一份，每位同学复印后附于实验报告中）

（五）　测试结果及绘制传动效率曲线

1. 绘制一种机械系统的传动效率曲线。

2. 绘制并比较各种机械系统的传动效率曲线。

（六）思考问答题

1. 通过实验，讨论啮合传动与摩擦传动的主要特性。

2. 实验台组装时各模块间是如何连接的？它们的相对几何位置是如何调整的？

3. 本实验系统采用了哪些类型的机械传动？其性能如何？加载方式有什么特点？

4. 实验中使用了哪些传感器？

5. 除实验中所做的传动形式外，还有哪些组合传动布置形式可以利用该实验台进行实验？

6. 通过实验，比较链传动与带传动的主要特点。

7. 通过实验结果分析转速对传动性能的影响。

8. 通过实验结果分析转矩对传动性能的影响。

（七）　实验心得、建议和探索

第9章 齿轮传动效率测定实验

9.1 概述

齿轮传动的功率大于带传动、链传动的功率，因此在机器中得到较为广泛的应用。由于渐开线齿轮传动的瞬时传动比为定值，具有中心距可分性与啮合角不变性，对制造误差和安装误差不敏感，作用在轴上的载荷方向不变，并且渐开线齿轮的加工工艺成熟，因此是常用的轮齿齿形。齿轮传动的效率高、结构紧凑、工作可靠、寿命长，所能传递的功率可达数十万千瓦，圆周速度可达 300m/s，最高转速可达 19600 r/min，齿轮的直径可达数十米以上。

实际机械中齿轮传动的工作载荷谱的确定是比较复杂的问题，齿面固定点的载荷不仅仅是脉动变化的，而且具有高频冲击的特点。同时啮合的轮齿间载荷是非平均分配的，而且在一个齿上沿接触线上的载荷也是非均匀分布的。对于减速传动的直齿圆柱齿轮，大、小齿轮的硬度 HBW_2 和 HBW_1 与传动比 i 之间可设计为 $HBW_2 = i^{0.25}HBW_1$，以便充分利用小齿轮硬齿面对大齿轮软齿面的冷作硬化作用，以达到一对齿轮齿面接触强度和齿根弯曲疲劳强度相等。在产品实验和实验室实验中常要进行齿轮传动的工作能力、寿命和效率的实验分析，在齿轮传动上所施加的功率（转矩和转速）载荷谱是能准确分析实验结果、得到正确结论的关键，如果用制动器消耗掉在实验中所施加的功率，则造成能量浪费。因此，通过本实验完成齿轮传动效率的测定，讨论如何设计能耗低的齿轮传动实验台；在齿轮变速箱厂对所生产的大量齿轮进行磨合实验时，怎样减少电能消耗等。

9.2 预习作业

1. 哪些因数影响齿轮传动的效率？

2. 封闭齿轮传动如何区分主动齿轮、从动齿轮？

3. 在设计机械时，采用哪些措施可以有效提高机械传动效率？

4. 封闭齿轮传动系统为什么能够节能？

9.3　实验目的

1）了解封闭功率流式齿轮实验台的基本结构、工作原理及特点。

2）掌握测定齿轮传动效率的方法。

3）对所设计的组成方案，进行组装与测绘等操作的动手技能训练。

9.4　实验原理

首先介绍封闭功率流的概念。图 9-1a 所示为一个定滑轮机构，要使重物 Q 以匀速 v 上升，必须在滑轮 1 右边加上力 P，克服重物 Q 和摩擦阻力 F_f。右边绳上所加的外力功率为 $Pv = Qv + F_f v$，它完全是由外力产生的。图 9-1b 所示为利用手轮和弹簧装置，把左边绳中的拉力调节到等于 Q，然后在右边绳子上只需加上一个克服摩擦的力，就可使左边绳子以匀速 v 上升。在图 9-1a 的设计中，功率 $N_1 = Pv = Qv + F_f v$ 都是外力产生的，并且消耗在增加重物 Q 的势能和滑轮的摩擦上。在图 9-1b 的系统中，所加外力仅仅是 F_f，Qv 不再是外力产生

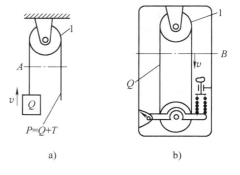

图 9-1　两种滑轮设计

的，而是由内平衡力产生的，外加功率仅是 $N_2 = F_f v$。由于摩擦力 F_f 的值一般很小，这个系统的能耗小，功率 Qv 是平衡内力产生的，称之为封闭功率。这种封闭功率系统原理也可以用于齿轮实验。

图 9-2a 所示为由 z_a、z_a' 和 z_b、z_b' 组成的两对齿轮副，并且要求有 $\dfrac{z_b}{z_a} = \dfrac{z_b'}{z_a'}$，$z_a = z_a'$，$z_b = z_b'$，两对齿轮副的中心距也要相等。假设传递的扭矩为 T，则系统的功率为

$$N_3 = \frac{Tn_a}{9550}$$

电动机功率为

$$N_{\mathrm{M}} = \frac{N_3}{\eta}$$

式中　　n_{a}——齿轮 a 的转速（r/min）；

　　　　η——系统效率。

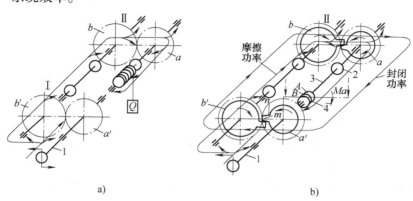

图 9-2　两种齿轮实验台

1—传动轴　2、4—联轴器　3—齿轮

图 9-2b 利用半联轴器 2 和 4 及中间轴 3 把齿轮 a 和 a' 连接起来，组成封闭系统，并在这个联轴器上加载扭矩 T，这时齿轮的工作功率仍是 Tn_{a}，但是这个功率并不由电动机提供，电动机只提供摩擦阻力所消耗的功率，即只提供功率 $(1 - \eta) Tn_{\mathrm{a}}$，其中力矩 T 当齿轮不转动时也存在，是由封闭系统中的平衡内力产生的，称为封闭力矩。这时电动机提供的克服摩擦的功率为

$$N_{\mathrm{M}} = N_4 = \frac{Tn_{\mathrm{a}}}{\eta_{\mathrm{a'b'}} \eta_{\mathrm{ba}}} - Tn_{\mathrm{a}} = \frac{Tn_{\mathrm{a}}}{\eta_{\mathrm{a'b'}} \eta_{\mathrm{ba}}} (1 - \eta_{\mathrm{a'b'}} \eta_{\mathrm{ba}})$$

若 $\eta_{\mathrm{a'b'}} \approx \eta_{\mathrm{ba}} = \eta$，则

$$N_{\mathrm{M}} = N_4 = \frac{Tn_{\mathrm{a}}}{\eta^2} (1 - \eta^2)$$

要获得封闭力矩就必须有特殊的加载装置。系统设计中一般的加载装置有直接扭转加载装置、螺旋运动加载装置、摇摆齿轮箱加载装置、行星差动齿轮机构加载装置和惯性加载装置。本实验中所用的实验台采用的是摇摆齿轮箱加载装置。

9.5　实验设备及工作原理

1. CLS-Ⅱ型封闭功率流式齿轮传动实验台（图 9-3）

如图 9-3 所示，CLS-Ⅱ型封闭功率流式齿轮传动实验台具有两个完全相同的齿轮箱（悬挂齿轮箱和定轴齿轮箱），每个齿轮箱内都有两个相同的齿轮相互啮合传动（齿轮 9 与 9′，齿轮 5 与 5′），两个实验齿轮箱之间由两根轴（一根是用于储能的弹性扭力轴 6，另一根为万向节轴 10）相连，组成一个封闭的齿轮传动系统。当由电动机 1 驱动该传动系统运转起

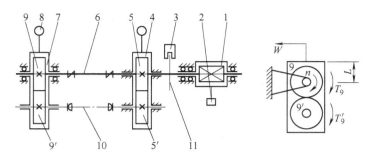

图 9-3　CLS-Ⅱ型封闭功率流式齿轮传动实验台

1—悬挂电动机　2—转矩传感器　3—转速传感器　4—定轴齿轮箱　5—定轴齿轮副
6—弹性扭力轴　7—悬挂齿轮箱　8—加载砝码　9—悬挂齿轮副　10—万向节轴
11—转速脉冲发生器

来后，电动机传递给系统的功率被封闭在齿轮传动系统内，即两对齿轮相互自相传动，此时若在动态下脱开电动机，如果不存在各种摩擦力（这是不可能的），且不考虑搅油及其他能量损失，该齿轮传动系统将成为永动系统；由于存在摩擦力及其他能量损耗，在系统运转起来后，为使系统连续运转下去，由电动机继续提供系统能耗损失的能量，此时电动机输出的功率仅约为系统传动功率的 20%。对于实验时间较长的情况，封闭功率流式齿轮传动实验台是有利于节能的。

　　该实验台采用悬挂式摇摆齿轮箱不停机加载方式，加载方便，操作简单安全，耗能少。在数据处理方面，既可直接用抄录数据手工计算方法，也可以和计算机接口组成具有数据采集处理、结果曲线显示、信息储存和打印输出等多种功能的自动化处理系统。该系统具有重量轻、机电一体化相结合等特点。

2. 电动机的输出功率

　　如图 9-3 所示，电动机 1 为直流调速电动机，电动机转子与定轴齿轮箱 4 输入轴相连，电动机采用外壳悬挂支承结构（即电动机外壳可绕支承轴线转动）；电动机的输出转矩等于电动机转子与定子之间相互作用的电磁力矩，与电动机外壳（定子）相连的转矩传感器 2 提供的外力矩与作用于定子的电磁力矩相平衡，故转矩传感器测得的力矩即为电动机的输出转矩 T_1（N·m）；电动机转速为 n（r/min），电动机输出功率用 P_1 表示（kW）为

$$P_1 = \frac{nT_1}{9550}$$

3. 封闭系统的加载

　　如图 9-4 所示，当实验台空载时，悬挂齿轮箱 7 的杠杆通常处于水平位置，当加上载荷 W 后，相当于对悬挂齿轮箱作用一外加力矩 WL，使悬挂齿轮箱产生一定角度的翻转，使两个齿轮箱内的两对齿轮的啮合齿面靠紧，这时在弹性扭力轴 6 内存在一扭矩 T_9（方向与外加负载力矩 WL 相反），在万向节轴 10 内同样存在一扭矩 T_9'（方向同样与外加力矩 WL 相反）。于是所加的转矩便在齿轮 5 和 5'、齿轮 9 和 9'的齿面上施加了载荷，这样，齿面间的载荷被保持下来，于是载荷便被封闭在该传动系统中，电动机 1 提供的功率仅为封闭传动中的损耗功率。像这样的加载方式称为封闭式加载。

若断开扭力轴和万向节轴，取悬挂齿轮箱为隔离体，可以看出两根轴内的扭矩之和（$T_9 + T_9'$）与外加负载力矩 WL 平衡（即 $T_9 + T_9' = WL$）；又因两轴内的两个扭矩（T_9 和 T_9'）为同一个封闭环形传动链内的扭矩，故这两个扭矩相等（忽略摩擦，$T_9 = T_9'$），即 $2T_9 = WL$，$T_9 = WL/2$（N·m）。

由此可以算出该封闭系统内传递的功率为

$$P_9 = \frac{nT_9}{9550} = \frac{WLn}{19100}$$

式中　n——电动机及封闭系统的转速（r/min）；

　　　W——所加砝码的重力（N）；

　　　L——加载杠杆（力臂）的长度（m），$L = 0.3$m。

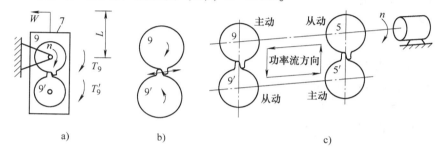

a)　　　　　　　　b)　　　　　　　　　　c)

图 9-4　封闭齿轮传动实验台加载及功率流方向示意图

a）加载示意图　b）受力示意图　c）功率流方向示意图

4. 单对齿轮传动效率

设封闭齿轮传动系统的总传动效率为 η；封闭齿轮传动系统内传递的有用功率为 P_9；封闭齿轮传动系统内的功率损耗（无用功率）等于电动机的输出功率 P_1。即

$$P_1 = P_9/\eta - P_9$$

$$\eta = \frac{P_9}{P_1 + P_9} = \frac{T_9}{T_1 + T_9}$$

若忽略轴承的效率，系统总效率 η 包含两级齿轮的传动效率即 $\eta = \eta_1\eta_2$。由于两对齿轮参数全部相同，因此 $\eta_1 = \eta_2$，$\eta = \eta_1^2$，故单级齿轮的传动效率为

$$\eta_1 = \sqrt{\eta} = \sqrt{\frac{T_9}{T_0 + T_9}}$$

5. 封闭功率流方向

封闭系统内功率流的方向取决于由外加力矩决定的齿轮啮合齿面间作用力的方向和由电动机转向决定的各齿轮的转向。当一个齿轮所受到的齿面作用力与其转向相反时，该齿轮为主动齿轮；而当齿轮所受到的齿面作用力与其转向相同时，则该齿轮为从动齿轮。功率流的方向从主动齿轮流向从动齿轮，并封闭成环，如图 9-4 所示。

6. 机械功率、效率测定开式实验台简介

开式机械功率、效率实验台的组成如图 9-5 所示。原动机（电动机）为被测机械提供动力，制动器作为被测机械的负载。由原动机输出的动力经被测机械传递到制动器，所传递的能量在制动器"消耗掉"（转化成其他形式的能，如热能），形成开式传动系统。开式传动实验台的组成简便灵活，但能耗较大，适用于被测设备类型多变、实验周期较短的场合。

为了测量被测机械所传递的功率及传动效率，将转矩转速传感器串接在被测机械的输入轴和输出轴上，分别测出两轴上所传递的扭矩和转速，即可算出被测机械的输入功率和输出功率，输出功率与输入功率之比即为传动效率。

原动机 → 转矩转速传感器 → 被测机械 → 转矩转速传感器 → 制动器

图 9-5　开式传动实验台组成

7. 实验台主要技术参数

1）实验齿轮模数，$m = 2\text{mm}$。

2）齿数，$z_5 = z_5' = z_9 = z_9' = 38$。

3）中心距，$a = 76\text{mm}$。

4）速比，$i = 1$。

5）直流电动机额定功率，$P = 300\text{W}$。

6）直流电动机转速，$n = 0 \sim 1100\text{r/min}$。

7）最大封闭扭矩，$T_B = 15\text{N} \cdot \text{m}$。

8）最大封闭功率，$P_B = 1.5\text{kW}$。

9.6　实验方法及步骤

1）打开电源，按一下"清零"按钮进行清零。此时，转速显示"0"，电动机转矩显示"."，说明系统处于"自动校零"状态。校零结束后，转矩显示为"0"。

2）在砝码吊篮上加上第一个砝码（10N），并微调转速使其始终保持在预定转速（600 r/min）左右，待显示稳定后（一般调速或加载后，转速和转矩显示值跳动 2~3 次即可达到稳定值），按一下"保持"按钮，使当时的显示值保持不变，记录该组数值。然后按一下"加载"按钮，第一个加载指示灯亮，并脱离"保持"状态，表示第一点加载结束。

3）在砝码吊篮上加上第二个砝码，重复上述操作，直至加上 8 个砝码，8 个加载指示灯全亮，转速及转矩显示器分别显示"8888"，表示实验结束。

4）记录下各组数据后，应先将电动机转速慢慢调至零，然后再关闭实验台电源。

5）由记录数据，作出封闭齿轮传动系统的传动效率与扭力轴扭矩的关系曲线（$\eta - T_9$）和电动机输出转矩与扭力轴扭矩的关系曲线（$T_1 - T_9$）。

9.7　实验小结

1. 注意事项

1）在保证卸掉所有加载砝码后，调整电动机调速旋钮，使电动机转速基本保持为预定转速 600r/min。

2）给仪器设备加电前，应先确认仪器设备处于初始状态。

3）实验台为开式传动，须注意人身安全。

4）计算机的开启与关闭必须按计算机操作方法进行，不得任意删除计算机中的程序文件。

2. 常见问题

1）打开电源前，应先将电动机调速旋钮逆时针轻旋到头，否则开机时电动机会突然起动。

2）加电后，应先使机器由低速逐渐加载，否则设备会出现过大的冲击载荷。

9.8　工程实践

齿轮传动效率是评价齿轮传动的重要性能指标，也是齿轮传动设计的基本参数之一。其取值高低对电动机的运行状态、润滑油温升、传动装置的稳定性和使用寿命等都有直接影响。从齿轮设计的角度上讲，影响齿轮传动效率的主要因素是啮合角的大小和齿根滑动率的大小。另外，齿轮的加工精度、齿面的表面粗糙度、装配等都能影响齿轮的传动效率。

1. 风力发电增速齿轮传动效率

增速齿轮箱（图9-6）是风力发电增速环节技术含量最高的重要部件之一，因此对增速齿轮箱齿轮的研究是风力发电技术研究领域中的一个重要组成部分。齿轮传动一般应用于减速、增扭的场合，但近年来随着技术的不断发展，其使用场合越来越广泛。齿轮传动在增速场合的性能与在减速场合的性能相比较有很大差别。比如风力发电增速齿轮传动时存在振动大、效率低、噪声大、温升严重等现象，不仅影响了风能的利用率，而且降低了齿轮传动的稳定性和准确性，使齿轮的寿命大大降低。因此，对增速齿轮传动的性能研究具有一定的现实意义。

（1）啮合损失对齿轮传动效率的影响　齿轮传动的功率损失主要有三种：齿面啮合产生的摩擦损失、轴承损失、润滑油的搅拌损失，其中啮合功率损失是齿轮传动功率损失的主要部分。根据齿轮啮合特点，啮合功率损失又可分为滑动摩擦功率损失和滚动摩擦功率损失两部分，其中滑动摩擦功率损失是影响啮合效率最主要的因素。

摩擦损失的齿轮啮合传动效率是啮合点的位置函数，啮合效率随啮合点的位置不同而变化，在两齿轮齿顶圆与啮合线的交点处，啮合功率损失最大，啮合效率达到最小值。因为在这两个位置上，两齿廓表面间的相对滑动速度最大；而在节点处效率最高，因在节点处两齿面无相对滑动，也就没有啮合摩擦损耗。

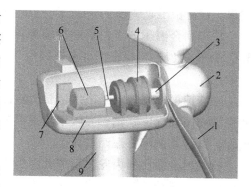

图 9-6　风力发电增速齿轮箱
1—叶片　2—轮毂　3—风轮轴　4—齿轮增速箱
5—发电机轴　6—发电机　7—电气柜　8—底架
9—塔架

增速传动和减速传动相比较主要是传动比小、摩擦速度高，所以增速传动的啮合损失更大、啮合效率更低。

（2）搅油损失对齿轮传动效率的影响　齿轮搅动齿轮箱内润滑油和齿轮啮合处润滑油的夹带损失为搅油损失，所有与润滑油直接接触的旋转部件都会产生搅油损失，其影响因素包括润滑油的运动粘度、工作温度，齿轮的尺寸、转速、螺旋角、浸油深度等。

当齿轮传动的输入转矩不变而增大输入转速时，输入功率随转速线性增长，而搅油损失则高于线性增长，因此齿轮传动效率下降；而当固定输入转速增大输入转矩时，搅油损失由于与转矩无关而不发生变化，所以传动效率增大。因此考虑搅油损失的齿轮传动效率会随着输入转速的增大而降低，而随着输入转矩的增大而提高。

实际工程中，为了提高齿轮的传动效率、降低搅油损失，可以采用一些措施。如低速齿轮传动时尽量采用搅油润滑，高速齿轮传动采用浸油润滑；采用喷油润滑的齿轮传动，在保障能够形成动压油膜的前提下尽量减小齿轮的浸油深度；在工作温度不高时，采用运动粘度较小的润滑油；增速传动时，在条件允许的情况下采用小齿轮轴下置的齿轮箱，用小齿轮浸油润滑。

在传动功率较小时，影响传动效率的主要因素是搅油损失，因此空载传动时效率随转速的变化十分明显。当输入功率逐渐增大时，搅油损失对效率的影响逐渐减小，而啮合损失对传动效率的影响逐渐显现。当输入功率达到齿轮箱的额定功率时，此时齿轮传动效率达到最大值，齿轮总传动效率几乎仅需考虑啮合时损失的传动效率。

2. 粉末冶金斜齿轮传动效率

通常情况下，高速、重载齿轮传动的线速度较高，会引起较大的动载荷，将影响整机的安全性和平稳性；当传动比较大时，齿面的相对滑动速度也较高，导致胶合、磨损的概率大大增加；载荷较大，则相应的力变形较大。因此，齿轮传动（尤其是大功率齿轮传动）要求传动装置具有较高的效率。齿轮传动装置的功耗主要有三个来源：啮合损失、轴承及油封等处的功率损失。在机械工业领域中研究如何提高齿轮传动装置的效率具有十分重要的意义。

粉末冶金温压斜齿轮是使用粉末冶金材料、采用温压技术压制成形的新型齿轮。通过38CrMoAl 斜齿轮与粉末冶金温压斜齿轮的传动效率对比试验，分析材料因素对传动效率的影响。

随着速度的增加，粉末冶金温压斜齿轮的传动效率下降。这是由于当转速增大时，相应的搅油功率损失、联轴器和轴承功率损失也要随之增大，故传动效率有所下降；而随着负载增加，其传动效率将逐渐增大。

粉末冶金温压斜齿轮材料的孔隙可以用作储存润滑油的容池，在摩擦过程中储存在一定孔隙中的润滑油始终保证了摩擦副之间润滑油膜的形成，改善了摩擦副的润滑状况，减轻了粘着磨损，起到自润滑作用，其摩擦因数比 38CrMoAl 材料的要低，因此粉末冶金斜齿轮的传动效率较高。在相同工况下，粉末冶金温压斜齿轮的传动效率比相应的 38CrMoAl 斜齿轮要高 1% ~3%，传动效率最高可超过99%，是一种性能优良的齿轮，具有广阔的应用前景。

粉末冶金材料的自润滑作用使传动过程中的摩擦磨损小、效率更高、传动更平稳，该结果对于分析其啮合过程中的动态性能、指导设计高效的齿轮传动装置，具有十分重要的意义。

实验报告九

实验名称：_____　　实验日期：_____

班级：_____　　姓名：_____

学号：_____　　同组实验者：_____

实验成绩：_____　　指导教师：_____

（一）实验目的

（二）实验设备

（三）实验数据记录及结果

表 9-1　转速、转矩、载荷数据记录

电动机转速 n/（r/min）	电动机转矩 T_1/（N·m）	加载载荷 W/N	扭力轴扭矩 T_9/（N·m）	总效率 η（%）	单级齿轮效率 η_1（%）

（四）绘制 T_1—T_9 及 η—T_9 曲线

1. 在图 9-7 中绘制 T_1—T_9 曲线。

图 9-7　T_1—T_9 曲线

2. 在图 9-8 中绘制 η—T_9 曲线。

图 9-8　η—T_9 曲线

（五）思考问答题

1. T_1—T_9 基本上为线性关系，为什么 η—T_9 为曲线关系？

2. 在加载力矩的测量中存在哪些误差？

3. 本实验测定了齿轮传动的效率，如何测定齿轮传动的接触强度和抗弯强度？

4. 若要改变功率流方向可采用什么方法？改变齿轮工作面采用什么方法？

（六）实验心得、建议和探索

第 10 章　摩擦及磨损实验

10.1　概述

当在正压力作用下相互接触的两个物体受切向外力的影响而发生相对滑动，或有相对滑动的趋势时，在接触表面上就会产生抵抗滑动的阻力，这一自然现象叫做摩擦，这时所产生的阻力叫做摩擦力。摩擦可分两大类：一类是发生在物质内部，阻碍分子间相对运动的内摩擦；另一类是当相互接触的两个物体发生相对滑动或有相对滑动的趋势时，在接触表面上产生的阻碍相对滑动的外摩擦。仅有相对滑动趋势时的摩擦叫做静摩擦；相对滑动进行中的摩擦叫做动摩擦。根据位移形式的不同，动摩擦又分为滑动摩擦与滚动摩擦。根据摩擦面间存在润滑剂的情况，滑动摩擦又分为干摩擦、边界摩擦、流体摩擦及混合摩擦。

摩擦是一种不可逆过程，其结果必然产生能量损耗和摩擦表面材料的不断损失或转移，即磨损。关于磨损分类的方法有很多种，大体上可概括为两类：一类是根据磨损结果着重对磨损表面外观的描述，如点蚀磨损、胶合磨损、擦伤磨损等；另一类则是根据磨损机理来分类，如粘着磨损、磨料磨损、疲劳磨损及腐蚀磨损等。

摩擦在大多数情况下是有害的，主要是造成能量损失和机械零件磨损。磨损会使零件的表面形状和尺寸遭到缓慢而连续的破坏，更重要的是使零件间的配合间隙扩大，破坏了机械零件的正常工作状态，使机器的效率、精度及可靠性逐渐降低，进而产生冲击和振动，从而丧失原有的工作性能，最终还可能导致机械零件的突然破坏。据统计，由于摩擦、磨损破坏所引起的失效占机械零件失效的 73.88%，而由于断裂所引起的失效只占 4.97%。据估计，全世界在工业方面约有 1/3 ~ 1/2 的能量消耗于摩擦过程中，而摩擦引起磨损，我国每年都要用大批钢材制作配件，磨损件占了其中很大的比例。因此，在设计时预先考虑如何避免或减轻磨损，以保证机器达到工作寿命，就具有很大的现实意义。

10.2　预习作业

1. 要提高润滑油的承载能力可采取什么措施？

2. 低承载能力的润滑油和高承载能力的润滑油各适用于什么场合？

3. 承载能力高的润滑油，其减摩、耐磨性能是否就好？

4. 影响摩擦、磨损的主要因素有哪些？

10.3　实验目的

1）了解四球摩擦试验机的构造及使用方法。
2）初步掌握利用四球摩擦试验机进行摩擦、磨损实验。
3）了解评定润滑剂承载能力的指标。
4）掌握测定与计算油膜承载能力的方法。

10.4　实验设备及工作原理

本实验采用 MS – 800 型四球摩擦试验机，其核心部位如图 10-1 所示。4 个标准 Ⅱ 级轴承钢球，直径为 12.7 mm，上球卡在夹头内，主轴转速为 1450 r/min。下面 3 个球固定于油杯中。负荷 P 的范围为 6 ~ 800kgf，规定每次实验时间为 10 s，然后取出钢球。利用显微镜测定钢球平均磨痕直径，并绘出磨损—负荷曲线，从而评定润滑油的承载能力。若借助从固定球座引出的测力装置，可以测定并记录摩擦力。

在四球摩擦试验机上评定润滑油的承载能力包括三项内容：

1）油膜承载强度（最大无卡咬负荷 P_B 值）、润滑油承载极限的工作能力（烧结负荷 P_D）和综合磨损值。

2）在静负荷 P 作用下，上钢球旋转，固定的下钢球浸没在油中，上钢球与任一下钢球产生的磨痕近似为圆形，其直径 D_M 称为磨痕直径。

3）当润滑油形成边界膜时，钢球之间不产生胶合（卡咬），这时的磨痕直径称为补偿直径 D_B。P 与 D_B 的关系在双对数坐标中为一直线，称为补偿线。

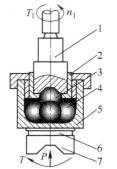

图 10-1　四球摩擦试验机
的核心部位

1—主轴　2—上夹头
3—上试件　4—下试件
5—油杯　6—推力球轴承
7—圆盘架

图 10-2 所示为双对数坐标，曲线 *ABCD* 是根据不同负荷下，所对应钢球的平均磨痕直径得到的，图中标明了磨损—负荷曲线各部分的意义。在实验中发生卡咬的现象时为油膜破坏的特征。油膜破坏后磨损急剧增加。在实验时，不发生卡咬的最高负荷为无卡咬负荷。在该负荷下测得的磨痕直径，不得大于相应补偿线上数值的 5%。

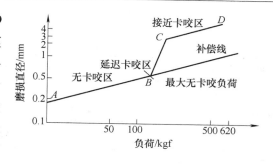

图 10-2　磨损—负荷曲线

判断无卡咬的负荷时（即补偿线上的负荷），用相应的磨痕直径 D_M 和补偿直径 D_B 相比较，即 $D_M \leqslant D_B$，实际上可允许 5% 的误差，即 $D_M \leqslant 1.05 D_B$ 即可认定为无卡咬。

在实验条件下，使钢球发生烧结的最低负荷称为烧结负荷 P_D。综合磨损值（ZMZ）是润滑油抗极压能力的一个指标，它等于若干次校正负荷的数字平均值（本实验暂不进行该项实验）。

10.5　实验材料

直径为 12.7 mm，材料为 GCr15 的实验钢球；抗磨齿轮油；直馏汽油；石油醚。

10.6　实验方法及步骤

1）将标准的钢球、油杯、夹具及其他在实验过程中与试油有接触的零件，用溶剂汽油清洗干净。钢球应光洁无锈斑。

2）将钢球分别固定在四球摩擦试验机的上球座和油杯内，把试油倒入油杯中，让油漫过钢球而达到压环与螺母的结合处，在进行润滑脂的实验时，不允许油中有空穴存在。

3）把装好试油和钢球的油杯安装在上球座下面。在油杯和导向柱中间放上圆盘架，放松加载杠杆，然后把规定的负荷加到钢球上，加载时应避免冲击。

4）起动电动机同时按下秒表，从起动到关闭的试验时间为 10 s。

5）卸载后，取出钢球，在显微镜上（放大倍率为 10 倍）测量油杯内任何一个钢球的纵横两个方向的磨痕直径，取其平均值为平均磨痕直径，参考表 10-1 载荷与磨痕直径对照表，检查是否超出规定尺寸，如未超出可以继续加载实验。

6）按规定取另一等级负荷（实验负荷等级见表 10-2），重复上述步骤 1）～5），得到另一组负荷对应的磨痕直径。大约做 6～10 组即可画出磨损—负荷曲线。

表 10-1　无卡咬时载荷与磨痕直径对照表

P/kgf	9	10	11	13	15	17	19	21	23	25	28	31
D_M/mm	0.21	0.22	0.23	0.24	0.25	0.26	0.27	0.28	0.29	0.30	0.31	0.32
P/kgf	34	38	40	44	48	52	56	61	66	71	76	82
D_M/mm	0.33	0.34	0.35	0.36	0.37	0.38	0.39	0.40	0.41	0.42	0.43	0.44

（续）

P/kgf	88	94	100	107	114	121	128	135	143	152	161	171
D_M/mm	0.45	0.46	0.47	0.48	0.49	0.50	0.51	0.52	0.53	0.54	0.55	0.56
P/kgf	181	191	201	212	225	238	250	263	276	289	302	315
D_M/mm	0.57	0.58	0.59	0.60	0.61	0.62	0.63	0.64	0.65	0.66	0.67	0.68

表 10-2　负荷等级

负荷级别	1	2	3	4	5	6	7	8	9	10	11
负荷 P/kgf	6	8	10	13	16	20	24	32	40	50	63
负荷级别	12	13	14	15	16	17	18	19	20	21	22
负荷 P/kgf	80	100	126	160	200	250	315	400	500	620	800

注：若负荷介于两格之间，则取后一格数值。

7）为了准确测出磨损—负荷曲线中最大无卡咬负荷 P_B 的值，还可以借助于补偿线。测定 P_B 时要求所取最大无卡咬负荷对应的磨痕直径，不得大于相应的补偿线上磨痕直径（即补偿直径 D_B）的 5%。如果所测得的某负荷的磨损直径比相应的补偿线上的磨痕直径大 5%，则下次实验就应在较低的负荷下继续这种操作，直到确定出最大无卡咬负荷为止。对 P_B 测定的精确度要求见表 10-3。

表 10-3　最大无卡咬负荷 P_B 的精确度

P_B/N	<40	41~80	81~120	121~160	>160
精确度/N	2	3	5	7	10

8）关于烧结负荷 P_D 的测定。一般从 80N 负荷开始，按表 10-2 注明的负荷级别进行实验，直至烧结发生为止。要求重复一次，若两次均烧结，以实验时采用的负荷作为烧结负荷。如果重复实验不发生烧结，则需要较大的负荷进行新的实验和重复实验。

钢球与夹头甚至与上锥座烧结在一起，下列现象可帮助判断是否发生了烧结：①电动机噪声程度增加；②油杯冒烟；③加载杠杆臂突然降低；④摩擦力记录笔尖油剧烈地横向运动。

由于缺乏配件，烧结负荷 P_D 的测定暂不进行。

9）实验完毕，清洗油杯等部件，并整理实验场地。

10.7　注意事项

1）注意保护夹头，尽量少受冲击。

2）换、装夹钢球时，必须用专用工具，切勿用手直接接触钢球。

3）起动电动机空转 2~3min。

4）用直馏汽油清洗钢球、油杯、夹具及其他在实验过程中与试样接触的零部件，再用石油醚洗两次，然后吹干。

5）发生烧结时应及时关闭电动机，否则会引起严重磨损。

10.8　工程实践

摩擦是机器运转过程中不可避免的物理现象。摩擦会使机器效率降低、温度升高、表面磨损。世界上 $1/3 \sim 1/2$ 的能源消耗在摩擦上，各种机械零件因磨损产生的失效占全部失效零件的一半以上。磨损是摩擦的结果。过大的磨损会使机器丧失应有的精度，进而产生振动和噪声，缩短机器的使用寿命。因此，研究摩擦、磨损特性对提高机器或机构的工作性能及可靠性、改进设计参数、减小能量损失、延长使用寿命等具有十分重要的意义。

1. 自由活塞式内燃发电机活塞环摩擦特性

自由活塞式内燃发电机（图 10-3）通过换能负载直接将活塞的直线运动能量转换为目标形式能，在电驱动动力和液压驱动领域具有广阔的应用前景。将直线发电机作为自由活塞内燃机的负载换能器便构成了自由活塞式发电机，在电动汽车领域具有众多潜在优势，如功率密度大、摩擦损失小、能量转换效率高、可平衡性良好、可变压缩比运行等，这些优势已经或正在被逐一验证和应用。

自由活塞式内燃发电机与曲轴式内燃机存在显著差异。自由活塞式内燃发电机的加速度在上、下止点出现了尖峰，峰值为曲轴式内燃机的 2 倍多，这会导致活塞环润滑条件恶化，甚至带来较大的摩擦损失。活塞的无侧向摆动也会对活塞环润滑产生影响。深入研究自由活塞式摩擦特性，对验证潜在的摩擦损失、提高机械效率等起着至关重要的作用。

自由活塞式与缸套之间的摩擦损耗是唯一的摩擦损耗源。一般来说，活塞受到的摩擦力主要来自两部分：活塞环与缸套之间的摩擦力；活塞裙部与缸套之间的摩擦力。由于自由活塞式不受曲柄连杆机构的约束，即在气缸内往复运动过程中活塞几乎不受侧向力，因此裙部受到的摩擦力极小，活塞环与缸套之间的摩擦力占主导地位。

图 10-3　自由活塞式内燃发电机

（1）油膜厚度　油膜厚度随时间（活塞位置）发生明显变化，上止点时刻的油膜最薄。其主要原因是在上止点区域缸壁温度最高、润滑油粘度最小，活塞到达上止点位置时活塞环和气缸的轴向相对运动速度为零，流体润滑的动压效应最差，活塞环与缸套之间很难建立有效的润滑油膜。

自由活塞式内燃发电机的油膜厚度存在两个高度不同的尖峰，这与双对置形式的自由式活塞速度变化不均衡有关。对于曲轴式内燃机油膜厚度的变化而言，两个尖峰的高度几乎相同，在一定程度上反映了曲轴式内燃机的活塞运动由于曲轴和飞轮的作用而相对稳定，自由式活塞到达上止点的时刻较晚，油膜厚度达到最小值的时间被延迟。在相同转速（频率）下，自由活塞式和曲轴式两者油膜厚度的数量级相同，变化幅值相近。

（2）活塞环摩擦力　在压缩行程中，随着活塞向上止点运动，缸内气体压力逐渐升高，活塞环背部受到的气体压力逐渐增大，摩擦接触面法向压力增大，油膜厚度逐渐减小，摩擦力逐渐增大；燃烧时，缸内气体压力瞬间剧增，接触面法向压力达到最大，混合润滑状态出现，活塞环、缸套两微凸体直接接触而产生峰值摩擦力；随后，活塞自上止点反向运动进入做功行程，摩擦力方向随之改变。由于缸内燃烧温度较高，润滑条件恶化，因此反向峰值摩擦力绝对值比正向峰值大。

自由活塞式内燃发电机的摩擦力升高速度缓慢，峰值出现时间推迟，摩擦力下降率较大，这反映出自由活塞式内燃发电机压缩行程用时较长，上止点活塞加速度较大，做功行程较快。自由活塞的摩擦力峰值略大的原因主要是同缸径的自由活塞式内燃发电机的气体爆发压力峰值大于曲轴式内燃机，且自由活塞式在上止点位置附近停留的时间较短，短时的局部散热损失较小。

（3）摩擦损失功率　自由活塞式内燃发电机摩擦损失功率峰值大约是曲轴式内燃机的1.5倍。其原因是前者的活塞加速度变化更剧烈，自由活塞的平均速度和摩擦力也略大于传统活塞，这也是自由活塞高速运动时缸内气体作用力、润滑油膜厚度、活塞环摩擦力共同作用的结果。

与自由活塞式内燃发电机相比，曲轴式内燃机的平均摩擦损失功率略大。如果考虑到曲轴、凸轮及其他运动部件的机械摩擦损失，那么在相同周期内曲轴式内燃机摩擦损失效率将明显大于自由活塞式内燃发电机。综合整体机械摩擦耗能情况，自由活塞式内燃发电机相比曲轴式内燃机具有显著优势。

2. 金刚石工具磨削石材摩擦磨损特性

目前石材加工设备向着数控加工中心方向发展。在石材数控加工设备中，金刚石工具的制造和合理使用是一项关键技术问题。金刚石工具在石材加工中具有非常重要的作用，其寿命和价格直接决定石材的加工成本。另外，在石材数控加工设备上金刚石工具要保持完好的廓形和较长的寿命，才能发挥石材数控加工设备的优势、提高加工质量及加工效率。

影响金刚石工具寿命的因素很多，除了其本身的结构和成分外，还包括所加工石材的特性和加工工艺参数。采用电镀金刚石工具与石材相互摩擦的方法，研究各加工参数对金刚石工具磨损量和摩擦因数的影响程度，探讨金刚石工具磨损机理，为进一步选择最佳的金刚石工具使用参数、优化金刚石工具的制造工艺、提高其切削性能和工艺性能提供理论基础。同时，通过金刚石工具与石材之间不同的摩擦因数可以确定工具所受的切削力，为设计石材加工设备提供参数依据。

此次金刚石工具共磨削四种石材：大理石（米黄）、花岗岩（黑金沙和蓝星）及砂岩，通过改变主轴转速、改变载荷及加工不同硬度的石材时分别研究金刚石工具的磨损量和摩擦因数的变化趋势。

（1）不同转速下的磨损　金刚石工具加工四种石材时的磨损量都随着转速的增加而增大。这是因为当转速升高时工具与石材之间的摩擦次数增多，导致金刚石工具磨损量增加。其中磨削蓝星时工具的磨损量最大。金刚石工具的摩擦因数也随着主轴转速的增加而呈现增大的趋势。

（2）不同载荷下的磨损　当载荷增加时，工具与石材之间的摩擦力增大，从而加剧了工具的磨损。改变转速对金刚石工具的磨损量影响要比改变载荷对其影响大。工具磨削四种石材时的摩擦因数也随着载荷的增加而总体呈现增大的趋势。当载荷增加时工具与石材之间的接触面积也会增加，从而增加金刚石工具的摩擦因数。改变载荷对金刚石工具与石材之间的摩擦因数的影响不如改变转速对其影响大。

　　（3）加工不同硬度石材时工具的磨损　石材的硬度对金刚石工具的磨损影响很大，工具的磨损量和摩擦因数随着石材硬度的增加而增加。工具磨削一段时间后，磨粒自然磨钝，随着磨粒周围结合剂的进一步磨损，对金刚石的把持力减弱，导致金刚石磨粒脱落。金刚石工具的磨损主要表现为金刚石磨粒的磨钝和破碎，出现犁沟。

实验报告十

实验名称：＿＿＿＿＿＿＿＿＿＿＿＿　　　实验日期：＿＿＿＿＿＿＿＿＿＿＿＿

班级：＿＿＿＿＿＿＿＿＿＿＿＿　　　　姓名：＿＿＿＿＿＿＿＿＿＿＿＿

学号：＿＿＿＿＿＿＿＿＿＿＿＿　　　　同组实验者：＿＿＿＿＿＿＿＿＿＿＿＿

实验成绩：＿＿＿＿＿＿＿＿＿＿＿＿　　指导教师：＿＿＿＿＿＿＿＿＿＿＿＿

（一）实验目的

（二）实验设备

（三）实验结果

表 10-4　实验数据记录

负荷级别	载荷 P/kgf	磨损直径 D_M/mm			负荷级别	载荷 P/kgf	磨损直径 D_M/mm		
		纵向	横向	平均			纵向	横向	平均
1	6				12	80			
2	8				13	100			
3	10				14	126			
4	13				15	160			
5	16				16	200			
6	20				17	250			
7	24				18	315			
8	32				19	400			
9	40				20	500			
10	50				21	620			
11	63				22	800			

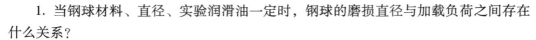

（四）思考问答题

1. 当钢球材料、直径、实验润滑油一定时，钢球的磨损直径与加载负荷之间存在什么关系？

2. 当负荷加到一定程度时，会出现什么现象？如何解释？

3. 磨痕直径与摩擦因数有什么关系？

4. 怎样理解齿轮齿面接触疲劳强度设计要控制接触应力？

5. 普通全损耗系统用油承载能力为何低于齿轮油的承载能力？

（五）实验心得、建议和探索

第 11 章 弹簧特性测定实验

11.1 概述

1. 主要用途

弹簧是一种弹性元件，它可以在载荷作用下产生较大的弹性变形。弹簧在各类机械中应用十分广泛，主要用于：

1）控制机构的运动及构件的位置。如制动器、离合器中的控制弹簧能保证各摩擦片之间保持接触，内燃机气缸的阀门弹簧能使气门与凸轮保持接触等。

2）减振和缓冲。如汽车、火车车厢下的减振弹簧，精密设备中的隔振弹簧以及各种缓冲器用的弹簧等。

3）储存及输出能量。如钟表、仪器和玩具中的盘簧能储存并供给仪表和玩具所需的能量。

4）测量力的大小。如弹簧秤、测力器中的弹簧用来秤重或测力。

2. 分类

按照所承受的载荷不同，弹簧可以分为拉伸弹簧、压缩弹簧、扭转弹簧和弯曲弹簧等 4 种；而按照弹簧的形状不同，又可分为螺旋弹簧、环形弹簧、碟形弹簧、板簧和平面涡卷弹簧等。螺旋弹簧是用弹簧丝卷绕制成的，由于制造简便，所以应用最广。在一般机械中，最为常用的是圆柱螺旋弹簧。表 11-1 中列出了常用弹簧的类型、特点及应用。

表 11-1 弹簧的类型、特点及应用

类型	简图	特点及应用
圆柱螺旋弹簧		承受压缩。结构简单，制造方便，刚度稳定，应用最广
		承受拉伸。结构简单，制造方便，刚度较稳定，应用较广
		承受扭转。主要用于各种装置的压紧、储能或传递转矩

（续）

类　型	简　图	特点及应用
圆锥螺旋弹簧		承受压缩。其结构紧凑，稳定性好，可防止共振。主要用于承受较大载荷和减振
碟形弹簧		承受压缩。刚度大，缓冲、吸振性强，主要用于要求缓冲和减振能力强的重型机械
环形弹簧		承受压缩。能吸收较多的能量，因此具有很高的减振性。常用于重型设备的缓冲装置
盘簧		承受扭转。储存的能量随圈数的增多而增大。多用于钟表、仪器的储能装置
板弹簧		承受弯曲。缓冲减振性好，主要用于汽车、拖拉机、火车车辆等的悬挂装置中

3. 材料

在机械设备中，弹簧不仅要求有较大的变形，而且经常还要受到冲击和交变载荷，因此作为弹簧的材料既要有高的弹性极限和屈服点，又要具备一定的冲击韧度和疲劳极限，还要具备良好的热处理性能、热稳定性和工艺性能。

在选择材料时，应考虑到弹簧的用途、重要程度、使用条件（包括载荷性质、大小及循环特性，工作持续时间，工作温度和周围介质情况等），以及加工、热处理和经济性等因素。同时，也要参照现有设备中使用的弹簧，选择出较为合用的材料。

常用的弹簧材料有碳素钢、合金钢和青铜。

11.2　预习作业

1. 说明坐椅、列车、底盘、钟表各采用什么弹簧。

2. 在设计圆柱弹簧时，簧丝直径是按什么要求来确定的？

3. 有圆柱螺旋弹簧两个，其簧丝直径、材料和有效圈数均相同，但旋绕比不同，试问弹簧刚度是否一样？哪个更大？若受载情况相同，承受的最大切应力哪个大？

4. 弹簧的特性曲线在设计中起什么作用？

11.3　实验目的

1）了解弹簧试验机的工作原理。
2）测定压缩弹簧与拉伸弹簧的实际特性，并与理论特性比较。
3）测定有初应力拉伸弹簧的实际刚度和初应力。

11.4　实验设备及工具

1）TLS－200 数显式弹簧拉压试验机一台。
2）TLS－500 数显式弹簧拉压试验机一台。
3）游标卡尺一把。
4）实验拉伸弹簧一个，弹簧材料 65Mn。
5）实验压缩弹簧一个，弹簧材料 65Mn。

11.5　实验原理及方法

试验机结构如图 11-1、图 11-2 所示，试验机是由加载部分、位移游标尺、传感器测力、负荷数显组成。

以 TLS-200 试验机为例（图 11-1），当转动手柄 14 时，带动齿轮齿条 3，使上压盘 7 下降，当下压盘 8 或上拉钩 1 受力后，通过对负荷传感器 10 施力，负荷传感器把实验力变成电信号，由实验力数显表 9 显示，位移通过上压盘与升降座 12 的相对移动实现，由游标尺 5 读出。

以 TLS-500 试验机为例（图 11-2），转动手柄 12，带动升降座 8 运动，从而对上拉钩 10 或下压盘 15 施加实验力，通过拉杆 13 形成的框架对传感器 1 向下拉，传感器把实验力变成电信号。

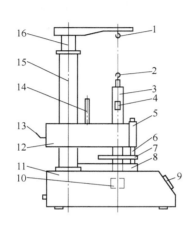

图 11-1   TLS-200 试验机

1—上拉钩 2—下拉钩 3—齿条 4—限位圈
5—游标卡尺 6—管座 7—上压盘 8—下压
盘 9—实验力数显表 10—传感器 11—底座
12—升降座 13—升降手柄 14—手柄
15—立柱 16—拉杆

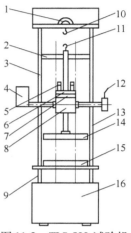

图 11-2   TLS-500 试验机

1—传感器 2—游标卡尺 3—显示器 4—标尺
5—限位杆 6—定位套 7—限位圈 8—升降座
9—限位螺钉 10—上拉钩 11—下拉钩 12—手
柄 13—拉杆 14—上压盘 15—下压盘
16—底座

11.6   实验方法及步骤

1. 实验准备

了解弹簧试验机的工作原理，熟悉试验机面板说明及设置，阅读《弹簧试验机面板说明》。

2. 操作与测量

1）接通"电源"：按下"电源"键，预热 30 min。

2）设置"上限"与"下限"值：TLS-200   上限 = _____ N；下限 = _____ N；
                            TLS-500   上限 = _____ N；下限 = _____ N。

3）标定仪器：按"标定"琴键开关，调整"标定电位器"。使实验力数显表显示标定值：TLS-200 标定值 = 0354，TLS-500 标定值 = 2617。

4）调零：按下"测量"琴键开关，波段开关设置为"正常"时，调整"调零电位器"，使实验力数表显示为零。

　　5）游标尺清零：转动手柄，使上压盘下降与下压盘接触，施加压力，游标尺立即清零，这样便于在以后的测量中清除掉因受力所带来的下压盘下沉的不利影响。

　　6）根据弹簧的压缩（拉伸）的最大工作行程设置限位圈的高度，并用限位手柄锁紧。

　　7）实际测量压缩弹簧。将压缩弹簧放在下压盘受力中心的位置上，略转动手柄，上压盘下降一个距离，使弹簧刚好稳定在安装位置上，记录实验力数显表和游标尺的读数，作为安装载荷和安装变形量，然后依次读取不同载荷下的变形量，填写记录。加载值不得超过额定力值。

　　8）减载测量。从额定力值逐步减载，减至安装载荷，实验力和位移值记录在相应的实验报告中。

　　9）实际测量拉伸弹簧。将拉伸弹簧挂在上拉钩与下拉钩之间，测量方法同上。

　　10）测量完毕将弹簧取下，使上、下压盘复位，不要使传感器受力。

　　11）关"电源"，整理好实验用品。

3. 计算并填写实验记录表

测量螺旋弹簧的几何参数，计算理论弹簧刚度，填写实验记录表。

11.7　弹簧试验机面板及其操作说明

试验机面板如图 11-3 所示。

1. 电源开关

拨此开关，可接通和关掉试验机电源。

2. 波段开关

1）"上限"波段开关——按下此键可以设定上限实验力值。

2）"下限"波段开关——按下此键可以设定下限实验力值。

3）"正常"波段开关——按下此键实验力数显表显示实际测量值。

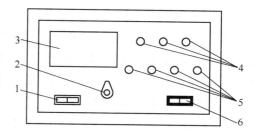

图 11-3　弹簧试验机操作面板示意图
1—电源开关　2—波段开关　3—数显表
4—指示灯　5—电位器　6—琴键开关

3. 数显表

实验力数显表——直读显示实验力值（N）。

4. 指示灯

1）"上限指示灯"——当实验力超出上限设定值时此灯亮。

2）"下限指示灯"——当实验力超出下限设定值时此灯亮。

3）"正常指示灯"——当实验值处于上、下限值时此灯亮。

5. 电位器

1）"上限电位器"——旋转此电位器，设定上限值的大小。

2）"下限电位器"——旋转此电位器，设定下限值的大小。

3）"调零电位器"——在没加力之前，旋转此电位器使数显表显示实验力值。

4）"标定电位器"——旋转此电位器调整标定值（TLC-200）。

6. 琴键开关

1）"标定"琴键开关——按下此键，数显表显示标定值；

2）"测量"琴键开关——按下此键，数显表显示实验力值。

11.8　注意事项

1）设置上、下限时不可颠倒。

2）在测量时若显示值大于上限值的 10%，蜂鸣器鸣叫，提醒操作者不要继续加载，以免损坏传感器。

11.9　工程实践

弹簧是机械和电子行业中广泛使用的一种弹性元件，弹簧在受载时能产生较大的弹性变形，把机械功或动能转化为变形能；而卸载后弹簧的变形消失并回复原状，将变形能转化为机械功或动能。弹簧的主要功能是用以控制机械运动、缓和冲击或振动、贮蓄能量、测量力的大小等，广泛应用于机械、仪表等行业。因此，研究弹簧特性对改进弹簧的结构设计、提高机器或机构的工作性能、减小振动和能量损失等，都具有十分重要的意义。

1. 配气机构气门弹簧特性分析

配气机构（图 11-4）的功能是按照发动机各缸的做功顺序和工作循环要求，定时开启和关闭各气缸的进、排气门，配合发动机各缸实现进气、压缩、做功和排气的工作过程，使新鲜充量通过进气门得以及时进入气缸，并且将燃烧做功后形成的废气从排气门排出，实现发动机气缸换气补给的整个过程。

配气机构可从不同角度进行分类：按气门的布置分为气门顶置式和气门侧置式；按凸轮轴的布置位置分为下置式、中置式和上置式；按曲轴和凸轮轴的传动方式分为齿轮传动式、链传动式和带传动式；按气缸气门数目分为二气门式和四气门式等。

气门弹簧是发动机配气机构的重要零件，起到保证气门及整个配气机构随配气凸轮所规定的规律运动的作用。若气门弹簧预紧力过小，将会产生气门反跳和接触件脱离的现象；若气门弹簧预紧力过大，则会导致接触应力过大、功率消耗增加。因此，气门弹簧特性参数的选择对发动机配气机构的平稳运行是至关重要的。

对一般增压发动机而言，必须保证在排气过程中进气道内的压力不把进气门打开，所以需要校核进气门预紧力是否足够。随着重载柴油机的不断发展，排气制动阀也逐渐成为车用重载柴油机的标准配置，排气制动时排气道内的压力将远大于进气压力，因此排气弹簧的特性控制是该类发动机配气机构设计的重要研究内容。

若将某非道路用柴油机改为车用重载柴油机，由于原设计排气弹簧预紧力过小，排气制动阀关闭时，排气管内的排气背压有可能在排气门上产生大于弹簧预紧力的作用力，从而使排气门非正常开启。因此，需要对原机配气机构的运动学和动力学性能进行评估，然后分析排气制动产生的排气背压对配气机构动力学的影响，并且通过优化气门弹簧来优化配气机构，消除由于排气背压增大带来的排气门非正常运动。

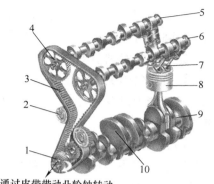

图 11-4　发动机配气机构
1—曲轴带轮　2—张紧轮　3—正时 V 带
4—进气凸轮轴带轮　5—进气凸轮轴
6—排气凸轮轴　7—排气门　8—活塞
9—曲轴　10—曲轴平衡块

（1）原机进气门弹簧预紧力评估　该机型为增压发动机，通过相关预紧力计算公式得到该柴油机进气门弹簧所需的最小预紧力 $F_0 > 280N$；另外，为了保证气门开启时有足够的弹簧裕度，设计时还应满足气门弹簧最大弹簧力 $F_1 = (2 \sim 2.5) F_0$ 的设计要求。原机型弹簧预紧力为 300N，最大弹簧力为 650N，满足设计要求，但该机型在设计时所留的余量并不大。为便于组织生产，该机型的进、排气门采用同一弹簧。若改为车用重载柴油机，由于排气制动带来的排气背压将在排气门上产生很大的作用力，排气门弹簧能否满足要求需要作进一步分析。

（2）排气门弹簧特性　当柴油机用于重载车时，整车在排气制动状态时排气管内将产生较大的背压。将该排气背压作用到排气门上，由动力学计算分析，进气门按设计要求正常工作，而排气门由于受到高排气背压的作用产生比较大的压力，排气门产生了二次开启，因此该车用柴油机的排气门弹簧需要重新设计。

通过相关预紧力计算公式得到该柴油机的排气门弹簧避免出现二次开启时所需的最小预紧力 $F_0' = 450N$。在对气门弹簧结构重新设计后满足了这一要求，同时弹簧最大弹力 F_1' 也提高到 850N，以保证弹簧有足够的弹簧裕度。采用这一弹簧方案后，排气门工作正常，不再产生二次开启现象。气门弹簧对于配气机构至关重要，新机型弹簧预紧力比原机增加约 50%，对于整个配气机构运动学和动力学特性都将产生很大的影响。

（3）新老机型特性对比　更改气门弹簧主要会对气门弹簧裕度、凸轮与挺柱间的接触应力产生较大的影响。

1）原气门弹簧最小弹簧裕度：进气为 1.674，排气为 2.773。新机型弹簧最小弹簧裕度：进气为 2.2，排气为 3，相对原机弹簧裕度有所增加，但增加幅度在允许范围内，以免产生飞脱现象。

2）通过对比可知，在增加进气和排气时的弹簧预紧力后，凸轮与挺柱间的接触应力有了较大增加，但仍能满足最大接触应力不超过 700MPa 的要求。

（4）结论

1）对于普通增压发动机而言，用进气压力校核进气门弹簧预紧力，可以保证发动机配气机构的正常运行，并具有良好的运动学和动力学特性。

2）在较大的排气背压作用下，需要更大的弹簧预紧力来保证气门的正常工作，采用排气背压来校核气门弹簧预紧力可以防止气门反跳及落座速度太大的现象发生。

3）弹簧预紧力的增加会使凸轮与挺柱间的接触应力有所增大，可以考虑适当强化摩擦副、加强润滑，以减小摩擦和磨损。

2. 橡胶空气弹簧特性分析

橡胶空气弹簧是依靠橡胶气囊中的压缩空气压力变化取得隔振效果。从工作的固有频率、承载能力以及阻尼性能等多方面进行比较，橡胶空气弹簧是一种优良的低频率隔振器，已广泛应用于汽车、轨道车辆、精密仪器以及工业机械设备的隔振。

（1）橡胶空气弹簧的作用原理　橡胶空气弹簧是一种由橡胶、网线贴合成的曲形胶囊，胶囊两端部需用两块钢板相连接，从而形成一个压缩空气室。橡胶与网线本身不提供对负荷的承载力，而是由充入胶囊内的压缩空气来完成。橡胶空气弹簧工作时内腔充入压缩空气，从而形成一个压缩空气气柱。随着振动载荷量的增加，弹簧的高度降低、内腔容积减小、弹簧的刚度增加、内腔空气气柱的有效承载面积加大，此时弹簧的承载能力增加；当振动载荷量减小时，弹簧的高度升高、内腔容积增大、弹簧的刚度减小、内腔空气气柱的有效承载面积减小，此时弹簧的承载能力减小。这样，橡胶空气弹簧在有效行程内其高度、内腔容积、承载能力随着振动载荷的增加与减小发生了平稳的柔性传递。

（2）橡胶空气弹簧的特性

1）橡胶空气弹簧在设计时可彼此独立地、范围广泛地选择弹簧高度、承载能力和弹簧刚度，并可获得极其柔软的弹簧特性。

① 弹簧高度，使用高度控制阀，可根据使用要求适当控制空气弹簧的高度，在弹簧上载荷变化的情况下保持一定高度。

② 承载能力，对于相同尺寸的橡胶空气弹簧，改变内压可得到不同的承载能力，承载能力大致与内压成正比。这便达到了同一种橡胶空气弹簧可适应多种载荷的要求，因此其经济性较好。橡胶空气弹簧的每个装配位置可以承载 45 ~ 45000kg 的负荷。

③ 弹簧刚度，在不同载荷情况下，空气弹簧的刚度可依靠改变空气压力加以选择。刚度与内压大致成正比，因此可以根据需要将刚度选得很低。对于一个尺寸既定的橡胶空气弹簧，刚度随载荷的改变而变化，因而在任何载荷下自振频率几乎不变。

2）固有振动频率较低。橡胶空气弹簧与附加空气室相连，可使橡胶空气弹簧装置的固有振动频率降低到 0.5 ~ 3Hz。在任何载荷作用下，橡胶空气弹簧都可以保持较低而近乎相等的振动频率。

3）阻尼性能好，隔绝高频振动及隔声效果极佳。橡胶空气弹簧是由空气和橡胶构成的，其内部摩擦小，不会因弹簧本身的固有振动而影响隔离高频振动的能力。此外，橡胶空气弹簧没有金属间的接触，因此隔声效果也很好。

4）利用空气的阻尼作用在橡胶空气弹簧和附加空气室之间加设一个节流孔，当弹簧上的载荷发生振动时，空气流经节流孔发生能量损失，因而起到减振的作用。

5）使用寿命较长，橡胶空气弹簧的耐疲劳性能优于金属弹簧许多倍。对车用空气弹簧悬挂系统中的弹簧进行疲劳实验时，发现钢板弹簧仅振动数十万次就折断了，而橡胶空气弹簧则在振幅40mm、频率2.7Hz的条件下振动500万次后仍未破坏。

6）与防振橡胶一样，橡胶空气弹簧在横向、轴向和回转方向上都有良好的支承和防振作用。

7）制造及安装橡胶空气弹簧成本相对低廉，安装更换方便，维护保养简单，不需经常检修，无需加油。

目前，我国橡胶空气弹簧的设计开发已经成熟，结构设计日趋先进合理，种类也日益丰富，并已得到了广泛应用。

实验报告十一

实验名称：＿＿＿＿＿＿＿＿＿＿＿＿

班级：＿＿＿＿＿＿＿＿＿＿＿＿

学号：＿＿＿＿＿＿＿＿＿＿＿＿

实验成绩：＿＿＿＿＿＿＿＿＿＿

实验日期：＿＿＿＿＿＿＿＿＿＿

姓名：＿＿＿＿＿＿＿＿＿＿＿＿

同组实验者：＿＿＿＿＿＿＿＿＿

指导教师：＿＿＿＿＿＿＿＿＿＿

（一）实验目的

（二）实验设备

（三）实验数据记录及结果

表 11-2　数据记录表

类别＼数值	压 缩 弹 簧				拉 伸 弹 簧			
	额定力值/N	自重/N	总力值/N	最大工作行程/mm	额定力值/N	自重/N	总力值/N	最大工作行程/mm
TLS-200								
TLS-500								

（四）绘制弹簧的特性曲线

1. 在直角坐标系中绘制压缩弹簧的特性曲线。

2. 在直角坐标系中绘制拉伸弹簧的特性曲线。

（五）思考问答题

1. 根据曲线图计算实际拉、压弹簧刚度，并与理论刚度作比较。

2. 试论述弹簧刚度对弹簧特性的影响。

3. 初拉力对拉伸弹簧特性曲线有何影响？

4. 弹簧的特性曲线表征弹簧的哪些功能？

（六）实验心得、建议和探索

参 考 文 献

[1]   林秀君，吕文阁，成思源，等．机械设计基础实验指导书［M］．北京：清华大学出版社，2011.

[2]   朱聘和，王庆九，等．机械原理与机械设计实验指导［M］．杭州：浙江大学出版社，2010.

[3]   高培峰，王悦民．斗轮堆取料机回转支承螺栓连接疲劳寿命分析［J］．起重运输机械，2011
      （12）：58-61.

[4]   周坤，刘美红．法兰螺栓连接中螺栓预紧力的计算和控制方法分析［J］．新技术新工艺，2010
      （8）：26-28.

[5]   王为，喻全余，等．机械原理与设计实验教程［M］．武汉：华中科技大学出版社，2011.

[6]   濮良贵，纪名刚，等．机械设计［M］．北京：高等教育出版社，2010.

[7]   刘洪海，于春来．风力发电机组高强螺栓连接设计的探讨［J］．特种结构，2012，29（6）：45-47.

[8]   朱正德．基于单体失效的均布螺栓组非等强度连接对传递动力性能的影响分析［J］．组合机床与自
      动化加工技术，2011（5）：34-37.

[9]   尹中伟，等．机械设计实验教程［M］．北京：机械工业出版社，2011.

[10] 郜云飞，吴晓东，等．游梁式抽油机皮带传动效率分析［J］．石油钻探技术，2002，30（6）：45-
      47.

[11] 罗皓，乐毅东．运输皮带传动轮打滑的预防及改进［J］．安装，2005，142（3）：30-31.

[12] 刘杰，等．机械基础实验——机械设计基础实验分册［M］．西安：西北工业大学出版社，2010.

[13] 綦耀光，等．机械设计实验教程［M］．济南：山东大学出版社，2006.

[14] 弥宁，王建吉，等．挖掘机曲臂关节滑动轴承油膜压力及合金层应力分布［J］．机械研究与应用，
      2013，26（1）：58-60.

[15] 秦萍，阎兵，等．小波分析在柴油机滑动主轴承接触摩擦故障诊断中的应用［J］．内燃机工程，
      2003，24（3）：56-60.

[16] 薛铜龙，等．机械设计基础实验教程［M］．北京：中国电力出版社，2009.

[17] 陈洪飞．轮胎压路机后轮轴系结构改进研究［J］．机械研究与应用，2008，21（1）：63-64.

[18] 胡成明，崔新维，等．直驱式风电机组主轴系结构方案的分析与研究［J］．新疆农业大学学报，
      2012，35（2）：157-160.

[19] 雷辉，李安生，王国欣，等．机械设计基础实验教程［M］．北京：机械工业出版社，2011.

[20] 朱东华，樊智敏，等．机械设计基础［M］．北京：机械工业出版社，2007.

[21] 王卫刚，陈仁良，等．齿轮减速器在直升机动力传动系统中的应用［J］．机械研究与应用，2010
      （2）：48-50.

[22] 廖强，欧阳宁东，等．少齿差减速器在抹光机上的应用［J］．重庆理工大学学报（自然科学），
      2011，25（5）：51-55.

[23] 邢琳，张秀芳，等．机械设计基础课程设计［M］．北京：机械工业出版社，2012.

[24] 杜娟，赵艳文．机械传动装置及设计［J］．湖南农机，2011，38（7）：70-71.

[25] 蔡新娟．伺服系统的机械传动装置设计［J］．精密制造与自动化，2007（1）：31-33.

[26] 杨洋，等．机械设计基础实验教程［M］．北京：高等教育出版社，2008.

[27] 程建辉，等．机械原理与机械设计实验［M］．北京：地震出版社，2001.

[28] 张震．风电增速齿轮传动的效率与振动研究［D］．西安：西安理工大学机械与精密仪器工程学

院，2010.

[29]　黎小明．粉末冶金斜齿轮传动效率研究［J］．机电工程，2007，24（6）：91-93.

[30]　任济生，等．机械设计基础实验教程［M］．济南：山东大学出版社，2005.

[31]　许大涛，冯慧华，等．自由活塞内燃发电机活塞环摩擦特性研究［J］．西安交通大学学报，2013，47（3）：64-68.

[32]　赵民，盖瑞波，等．金刚石工具磨削石材摩擦磨损特性实验研究［J］．金刚石与磨料磨具工程，2012，32（6）：59-62.

[33]　陈秀宁，等．现代机械工程基础实验教程［M］．北京：高等教育出版社，2002.

[34]　翁海珊，等．机械原理与机械设计课程实践教学选题汇编［M］．北京：高等教育出版社，2008.

[35]　傅红良，林运．气门弹簧特性对配气机构的影响［J］．柴油机设计与制造，2007，15（3）：24-28.

[36]　谢敏，张彦，等．橡胶空气弹簧在电梯减振系统中应用的设想［J］．中国电梯，2013，24（1）：26-27.